| 职业教育电子商务专业 系列教材 |

Photoshop 图形图像处理

（第3版）

主　编／罗文君

副主编／刘　芬　孟爱丽

参　编／（排名不分先后）

邱佩娜　房丽华　李晓韩

刘洛华　吴玉娜　江　涛

重庆大学出版社

内容提要

本书介绍图形图像处理的基础知识和技能,并和电子商务网店设计工作有机地结合在一起。采取项目驱动的形式,以学生为主体,学生通过亲身实践项目,在"做中学,学中做",不仅可掌握图形图像处理的基础知识和技能,而且能熟悉电子商务网店设计,培养电子商务专业素养。

本书内容丰富全面,图文并茂,可以作为职业院校电子商务、美术设计及计算机相关专业图形图像处理的教材,也可以作为设计人员的参考用书。

图书在版编目(CIP)数据

Photoshop图形图像处理 / 罗文君主编. -- 3版. --
重庆:重庆大学出版社,2023.7
职业教育电子商务专业系列教材
ISBN 978-7-5689-2185-5

Ⅰ.①P… Ⅱ.①罗… Ⅲ.①图像处理软件— 职业教
育—教材 Ⅳ.①TP391.413

中国国家版本馆CIP数据核字(2023)第057335号

职业教育电子商务专业系列教材
Photoshop图形图像处理(第3版)
Photoshop TUXING TUXIANG CHULI
主 编 罗文君
副主编 刘 芬 孟爱丽
责任编辑:王海琼 版式设计:王海琼
责任校对:王 倩 责任印制:赵 晟
*
重庆大学出版社出版发行
出版人:饶帮华
社址:重庆市沙坪坝区大学城西路21号
邮编:401331
电话:(023)88617190 88617185(中小学)
传真:(023)88617186 88617166
网址:http://www.cqup.com.cn
邮箱:fxk@cqup.com.cn(营销中心)
全国新华书店经销
印刷:重庆升光电力印务有限公司
*
开本:787mm×1092mm 1/16 印张:9.5 字数:185千
2020年7月第1版 2023年7月第3版 2023年7月第5次印刷
印数:11 501—15 500
ISBN 978-7-5689-2185-5 定价:49.00元

编写人员名单

主　编

　　　罗文君　广州市贸易职业高级中学

副主编

　　　刘　芬　东莞市经济贸易学校

　　　孟爱丽　东莞电子科技学校

参　　编（排名不分先后）

　　　邱佩娜　广州市纺织服装职业学校

　　　房丽华　广州市贸易职业高级中学

　　　李晓韩　中山市三乡镇理工学校

　　　刘洛华　东莞市商业学校

　　　吴玉娜　湛江财贸中等专业学校

　　　江　涛　广州市德镱信息技术有限公司

　　本书以习近平新时代中国特色社会主义思想为指导，落实立德树人根本任务，体现德智体美劳全面发展的培养目标要求，体现新知识、新技术。立足中等职业教育实际，充分挖掘课程的独特育人价值，着重提高学生解决问题的能力。彰显职业教育特色，遵循技术技能人才成长规律，注重教学内容与社会生活、职业生活相联系。

　　实体经济是我国经济的重要支撑，做强实体经济需要大量技能型人才。职业教育要培养更多高技能人才和大国工匠，为全面建设社会主义现代化国家、实现中华民族伟大复兴的中国梦提供有力的人才保障。

　　随着互联网和电子商务的快速发展，网络购物已成为人们重要的购物方式，网店数量剧增，网店竞争日趋激烈。网店装修设计与网店转化率息息相关，为了增加网店吸引力，网店店主想方设法包装自己的网店，网店美工人才需求剧增。

　　图形图像处理是电子商务专业核心基础课程。图形图像处理的知识和技能是网店装修的基础，是网店美工的必备技能。本书内容涵盖了图形图像处理的主要知识和技能，包含：Photoshop快速入门，图像基本编辑，图像修饰与色彩调整，文字工具应用，形状工具应用，钢笔与路径应用，图层、蒙版与通道应用和滤镜应用等内容，适合图形图像处理的初学者使用。

　　本书把图形图像处理知识及技能与电子商务网店设计工作项目结合，采用项目驱动的方式，结合制作网店商品图、精修商品照片、制作商品详情页、制作网店商品主图、绘制网店LOGO、制作网店店招和制作网店海报等项目，采用"项目→任务→活动"的编写体例，通过具体项目模块、任务细分、课堂活动，让学生在"做中学，学中做"，不仅学习图形图像处理的知识和技能，而且体验图形图像处理在网店装修中的应用，为后续商品精修和网店装修课程奠定坚实基础。

　　用本书教学，建议学时分配如下：

序　号	项　　目	参考学时
1	打开图形图像处理之门——Photoshop快速入门	6
2	制作网店商品图——图像基本编辑	12
3	精修商品照片——图像修饰与色彩调整	12
4	制作商品详情页——文字工具应用	10
5	制作网店商品主图——形状工具应用	14
6	绘制网店LOGO——钢笔与路径应用	14
7	制作网店店招——图层、蒙版与通道应用	20
8	制作网店海报——滤镜应用	20
合　计		108

本书第3版增加了项目思维导图，使任务与活动更清晰；增加了素质目标，落实立德树人根本任务；增加了操作演示二维码，为学生自主学习提供帮助。紧跟电子商务行业发展需求，创设行业工作场景，重新编写了项目4，修改了多个项目的活动内容和项目测试。在符合学生认知水平的基础上，瞄准素质目标，提升数字素养与技能，培养探索精神和创新理念。

本书由多所职业学校与企业一起联合编写。由罗文君担任主编，刘芬、孟爱丽担任副主编，江涛参与全书大纲规划，并提供企业案例。项目1由吴玉娜编写；项目2由罗文君编写；项目3由李晓韩编写；项目4由孟爱丽编写；项目5由刘芬编写；项目6由刘洛华编写；项目7由邱佩娜编写；项目8由房丽华编写。全书由罗文君负责统稿。书中部分素材来源于网络及学生作品，在此向原作者致以衷心的感谢。

本书注重校企合作，广州市德镱信息技术有限公司江涛副总经理参与编写，并根据网店设计的工作任务设计情境，采用了企业的优秀项目贯穿全书。

本教材配套资源包括电子课件、电子教案、电子素材等内容，可在重庆大学出版社的资源网站（www.cqup.com.cn）上下载。

由于编写时间仓促，编者水平有限，书中难免存在疏漏之处，恳请大家批评指正。

邮箱：78568889@qq.com

编　者

2023年1月

随着互联网和电子商务的快速发展，网络购物已成为人们重要的购物方式，网店数量剧增，网店竞争日趋激烈。网店装修设计与网店转化率息息相关，为了增加网店吸引力，网店店主想方设法包装自己的网店，网店美工人才需求剧增。

图形图像处理是电子商务专业核心基础课程。图形图像处理的知识和技能是网店装修的基础，是网店美工必备技能。本书内容涵盖了图形图像处理的主要知识和技能，包含Photoshop快速入门，图像基本编辑，图像修饰与色彩调整，文字工具应用，形状工具应用，钢笔与路径应用，图层、蒙版与通道应用和滤镜应用等内容，适合图形图像处理的初学者使用。

本书把图形图像处理的知识和技能与电子商务网店设计工作项目结合，采用项目驱动的方式，结合制作网店商品图、精修商品照片、制作商品详情页、制作网店商品主图、绘制网店LOGO、制作网店店招和制作网店海报等项目，采用"项目→任务→活动"的编写体例，通过具体项目模块、任务细分、课堂活动操作，让学生在"做中学，学中做"，不仅学习图形图像处理的知识和技能，还体验图形图像处理在网店装修中的应用，为后续商品精修和网店装修课程奠定坚实基础。

用本书教学，建议学时分配如下：

序　号	项　目	参考学时
1	打开图形图像处理之门——Photoshop快速入门	6
2	制作网店商品图——图像基本编辑	12
3	精修商品照片——图像修饰与色彩调整	12
4	制作商品详情页——文字工具应用	10
5	制作网店商品主图——形状工具应用	14
6	绘制网店LOGO——钢笔与路径应用	14
7	制作网店店招——图层、蒙版与通道应用	20
8	制作网店海报——滤镜应用	20
合　计		108

　　本书由罗文君担任主编，刘芬担任副主编。项目1由吴玉娜编写；项目2由罗文君编写；项目3由李晓韩编写；项目4由李丽编写；项目5由刘芬编写；项目6由刘洛华编写；项目7由邱佩娜编写；项目8由房丽华编写。全书由罗文君负责统稿。书中部分素材来源于网络及学生作品，在此向原作者致以衷心的感谢。

　　本教材配套资源包括电子课件、电子教案、电子素材等内容，可在重庆大学出版社的资源网站（www.cqup.com.cn）上下载。

　　由于编写时间仓促，水平有限，书中难免存在遗漏、疏忽之处，恳请大家批评指正。

编　者

2020年6月

▌▌▌▌ 项目5 制作网店商品主图
——形状工具应用

▌▌▌▌ 项目6 绘制网店LOGO
——钢笔与路径应用

项目8　制作网店海报

——滤镜应用

项目1
打开图形图像处理之门
——Photoshop 快速入门

☐ 项目综述

　　Photoshop是一个功能强大的图形图像处理软件，是创意百宝箱，也是网店美工最常用的工具。世界各地数百万的设计人员、摄影师和艺术家都在使用。从海报到包装，从普通的横幅到绚丽的网站，从吸引眼球的徽标到令人难忘的图标，Photoshop在不断推动创意世界向前发展。本项目通过在Photoshop中打开文件、查看图像属性、合成海报并保存等一系列操作，让读者熟悉Photoshop界面和基本操作。

☐ 项目目标

知识目标

◇认识像素与分辨率。

◇认识图像的色彩模式。

能力目标

◇熟悉Photoshop操作界面。

◇学会查看图像大小、图像模式。

◇掌握打开、置入、保存等基本操作。

素质目标

◇培养耐心细致的工作态度。

◇培养善于观察、勤于思考的品质。

◇激发学生对网店美工岗位的兴趣。

◇培养开拓精神，树立为国家经济发展做贡献的社会责任价值观。

☐ 项目思维导图

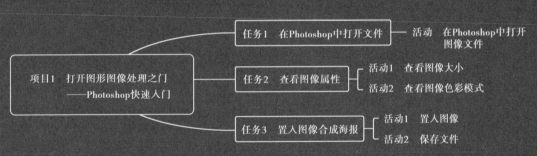

>>>>>>>> 任务1
在Photoshop中打开文件

情境设计

酸橙视觉创意有限公司为电子商务网店提供专业的视觉定制服务,包括图片拍摄、图片处理、详情设计、LOGO设计、海报设计、店铺装修等。喜悦旗舰店是专营各式蛋糕的网店,委托酸橙视觉创意有限公司制作"喜悦大丰收"网店促销海报。酸橙视觉创意有限公司安排摄影师小佳负责拍摄蛋糕照片,美工小美负责设计宣传文字,美工组长大鹏最后合成海报。

活动 在Photoshop中打开图像文件

活动背景

摄影师小佳拍摄了蛋糕图片,文件名为"蛋糕.psd",美工小美设计了宣传文字,文件名为"文字素材.psd"。美工组长大鹏在Photoshop中打开这两个文件。

活动实施

🖿 知识窗

Photoshop界面由菜单栏、工具箱、工具属性栏、操作区和浮动工作面板组成(见图1.1.1)。

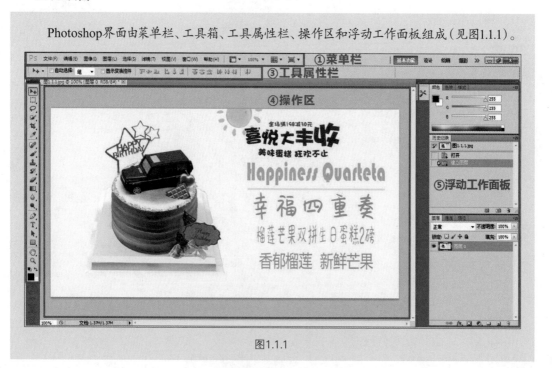

图1.1.1

步骤1: 启动Photoshop (见图1.1.2和图1.1.3)。

图1.1.2

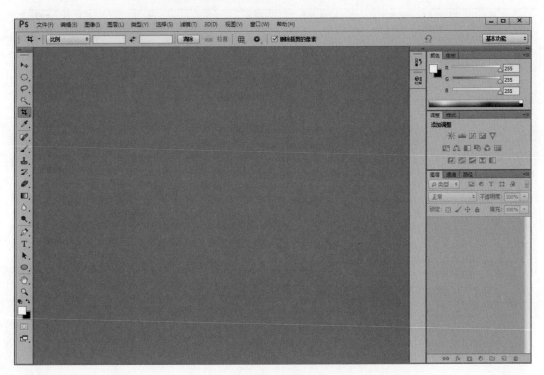

图1.1.3

步骤2：选择菜单"文件"→"打开"（快捷键Ctrl+O），打开素材"蛋糕.psd"（见图1.1.4）和"文字素材.psd"（见图1.1.5）。

图1.1.4

图1.1.5

任务2
查看图像属性

情境设计

> 网店使用的图像既要保证图像清晰，又要使文件尽可能小，以便网络传输，图像分辨率一般为72像素/英寸。网店的图像一般在手机或显示器上显示，采用RGB色彩模式。

活动1 查看图像大小

活动背景

美工组长大鹏已在Photoshop中打开素材"蛋糕.psd"和"文字素材.psd"，在Photoshop中查看图像的大小。

活动实施

📖 **知识窗**

● **像素**：是指由一个数字序列表示的图像中的最小单位。每个像素都有自己的颜色，像素越多，颜色信息就越丰富，图像效果就越好。

● **分辨率**：是单位长度内包含像素点的数量。包含的像素点越多，图像就越清晰，但占用的存储空间也越大。分辨率分为屏幕分辨率和图像分辨率。

● **像素与分辨率的关系**：二者关系密不可分，它们的组合决定了图像的质量。分辨率就像排队的密度，分辨率越大，图像显示就越细腻。

步骤：选择菜单"图像"→"图像大小"，分别查看"蛋糕.psd"和"文字素材.psd"的图像大小（见图1.2.1和图1.2.2）。

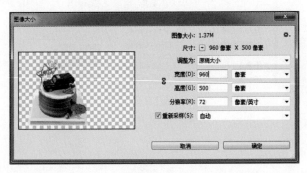

图1.2.1

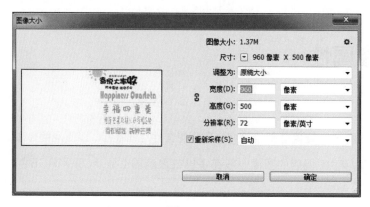

图1.2.2

活动2　查看图像色彩模式

活动背景

美工组长大鹏在Photoshop中查看图像色彩模式。网店使用的图片一般采用RGB模式。

活动实施

⊟ 知识窗

　　色彩模式是数字世界中表示颜色的一种算法。在Photoshop中，最常用的有RGB和CMYK两个模式。在显示屏上显示的图像一般使用RGB模式，打印或者印刷的图像一般使用CMYK模式。

　　步骤：选择菜单"图像"→"模式"查看到图像颜色模式为：RGB颜色（见图1.2.3），符合网店图片模式要求。

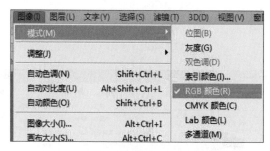

图1.2.3

>>>>>> 任务3
置入图像合成海报

情境设计

　美工组长大鹏对蛋糕照片和文字素材很满意，最后把这两个图像合成海报。

活动1　置入图像

活动背景

美工组长大鹏把"蛋糕.psd"置入"文字素材.psd"中。

活动实施

□ 知识窗

操作演示

> "置入"命令可以将照片、图片或任何 Photoshop 支持的文件作为智能对象添加到文档中；可以对智能对象进行缩放、定位、斜切、旋转或变形操作，而不会降低图像的质量。

步骤1：在Photoshop中打开"文字素材.psd"。

步骤2：选择菜单"文件"→"置入"（见图1.3.1），选择"蛋糕.psd"，然后单击"置入"（见图1.3.2）。

图1.3.1　　　　　　　　　　　　　　　　图1.3.2

步骤3：把蛋糕图像移动到合适的位置，按回车键，提交变换，完成海报（见图1.3.3）。

图1.3.3

活动2　保存文件

活动背景

美工组长大鹏完成了海报的合成，要保存海报文件。

活动实施

🖵 知识窗

JPEG是一种常见的图像格式，JPEG文件的扩展名为.jpg。它在获得极高压缩率的同时能展现出十分丰富生动的图像，即可以用较少的磁盘空间得到较高的图片质量。

PSD是Adobe公司的图形设计软件Photoshop的专用格式。PSD文件可以存储成RGB或CMYK模式，能够自定义颜色并加以存储，还可以保存Photoshop的图层、通道、路径等信息，是唯一能够支持全部图像色彩模式的格式。

文件(F)	编辑(E)	图像(I)	图层(L)	类型(Y)	选
新建(N)...				Ctrl+N	
打开(O)...				Ctrl+O	
在 Bridge 中浏览(B)...				Alt+Ctrl+O	
在 Mini Bridge 中浏览(G)...					
打开为...				Alt+Shift+Ctrl+O	
打开为智能对象...					
最近打开文件(T)				▶	
关闭(C)				Ctrl+W	
关闭全部				Alt+Ctrl+W	
关闭并转到 Bridge...				Shift+Ctrl+W	
存储(S)				Ctrl+S	

图1.3.4

步骤1：选择菜单"文件"→"存储"（见图1.3.4），文件名为"蛋糕海报.psd"，格式为："Photoshop（*.PSD；*.PDD）"（见图1.3.5）。

步骤2：选择菜单"文件"→"存储为"，文件名为"蛋糕海报"，保存类型为"JPEG（*.JPG；*.JPEG；*.JPE）"（见图1.3.6）。

文件名(N)：	蛋糕海报.psd	▼	保存(S)
格式(F)：	Photoshop (*.PSD;*.PDD)	▼	取消

图1.3.5

文件名(N):	蛋糕海报	▼
保存类型(T):	JPEG (*.JPG;*.JPEG;*.JPE)	▼

图1.3.6

项目评价

评价标准	评价指标	得 分
熟悉Photoshop操作界面	熟悉菜单栏、工具栏、工具属性栏、操作区和浮动工作面板的位置。(20分)	
认识像素和分辨率	掌握查看分辨率的方法。(20分)	
查看图像大小	掌握查看图像大小的方法。(20分)	
Photoshop的基本使用方法	掌握打开、置入、保存等基本操作。(40分)	
总 分		
评价等级	优秀：90~100分；良好：75~89分；一般：60~74分；差：0~59分。	

项目测试

1.选择题

（1）Photoshop的专用格式是（　）。

　　A. JPEG　　　　　B. GIF　　　　　　C. PSD　　　　　　D. BMP

（2）像素是指由一个数字序列表示的图像中的（　）单位。

　　A. 最小　　　　　B. 基本　　　　　C. 基础　　　　　D. 普通

2.操作题

（1）打开素材"舞台.jpg"，查看图像大小，将数据填写在题图1中。

（2）请将素材"汽车蛋糕.psd"和"文字.psd"图像合并成一张完整海报，并命名为"最后效果.jpg"，如题图2所示。

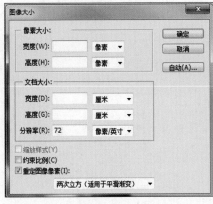

题图1

题图2

项目2
制作网店商品图
——图像基本编辑

□ 项目综述

网店商品图不仅可以展现在买家商品搜索页和店铺所有产品的展示页,而且可以展示在前台各大场景等重要位置。顾客对商品的第一印象都来自网店商品图。清晰、美观、醒目的商品图,能吸引顾客点击进入商品详情页,规范的图片可以增加商品图片的曝光率,增加点击率。淘宝基础商品图包含白底图、透明图、场景图、场景图长图等。本项目的主要任务是运用图像的基本编辑工具,制作出符合规范的商品图。

□ 项目目标

知识目标

◇知道淘宝商品图的要求。

能力目标

◇熟悉Photoshop操作界面。

◇学会新建文件,设置图像参数。

◇学会调整图像大小。

◇学会使用裁剪工具裁剪画布。

◇学会使用快速选择工具选取图像。

◇学会使用魔棒工具选取图像。

◇学会使用套索工具选取图像。

◇学会运用自由变换调整图像造型。

素质目标

◇培养善于对比、善于观察、勤于思考的品质。

◇培养良好的审美观和艺术欣赏能力。

◇培养学生善于发现问题、分析问题、解决问题的独立思考能力。

◇培养学生严谨、踏实、细致的工作态度。

◇激发学生对网店美工岗位的兴趣。

☑ 项目思维导图

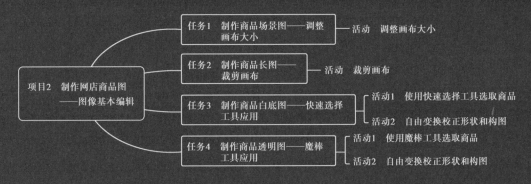

任务1
制作商品场景图——调整画布大小

操作演示

情境设计

淘宝商品场景图（见图2.1.1）要求整体场景氛围真实、美观，主体展示清晰、完整，背景氛围干净、美观。背景颜色不要过多，不能是白底，无过度修图，无过度修饰，不能是拼图、合成图，视觉整体重心与画面保持居中，构图饱满。制作好的商品场景图尺寸为800像素×800像素，图片存储格式为JPEG/PNG，图片小于3 MB。

图2.1.1

酸橙视觉创意有限公司为家居用品店制作拖鞋商品图，摄影师小佳把拖鞋摆在地毯上拍摄照片，美工小美需要把照片制做成符合要求的商品场景图（见图2.1.2）。

图2.1.2

活动 调整画布大小

活动背景

美工小美查看摄影师小佳提供的拖鞋照片的属性（见图2.1.3）。虽然是方形图，但是图片尺寸、大小和商品场景图要求不一致，需要调整图像大小。

名称	尺寸	类型	大小
拖鞋.jpg	12017 x 12017	JPEG 图像	16,351 KB

图2.1.3

活动实施

🗂 知识窗

> 选择菜单"图像"→"图像大小"可以查看和修改图像的宽度、高度和分辨率。点击宽度、高度前面的锁按钮 🔒，可以约束图像宽高比，保证图像缩放时不变形。

步骤1：打开素材"拖鞋.jpg"，选择菜单"图像"→"图像大小"，修改图像大小，宽度为"800像素"，高度为"800像素"，分辨率为"72像素/英寸"（见图2.1.4），点击"确定"按钮，完成图像大小的调整。

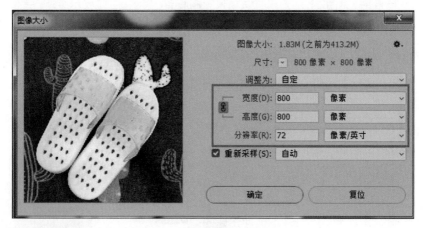

图2.1.4

步骤2：保存文件。选择菜单"文件"→"存储"，完成拖鞋商品图的制作（见图2.1.5）。

图2.1.5

>>>>>>>> 任务2
制作商品长图——裁剪画布

操作演示

情境设计

淘宝场景图长图主要包含的类目为男装、女装、运动装、童装、孕妇装，须是实拍图、模特图或者有场景的图片。图片要求整体场景氛围真实美观，画面主体清晰，视觉整体重心与画面保持居中。尺寸为800像素×1 200像素，图片存储格式为JPEG，图片小于3 MB。

酸橙视觉创意有限公司为童装店制作童装商品图，摄影师小佳拍摄了童装模特照片（见图2.2.1），美工小美需要把照片制作成商品场景长图（见图2.2.2）。

图2.2.1

图2.2.2

活动　裁剪画布

活动背景

美工小美查看摄影师小佳提供的童装照片（见图2.2.3），尺寸不符合商品长图800像素×1 200像素的要求，需要裁剪画布。

名称	尺寸	类型	大小	标记
童装.jpg	2362 x 2764	JPG 图片文件	699 KB	

图2.2.3

活动实施

🗒 知识窗

　　裁剪工具 🔲 可以裁剪或扩大画布,可以通过裁剪预设来预先设置好裁剪比例或尺寸(见图2.2.4)。

图2.2.4

　　步骤1:打开素材"童装.jpg",使用工具箱中的裁剪工具 🔲 。设置工具属性:选择"宽×高×分辨率",设置宽度为"800像素",高度为"1 200像素",分辨率为"72像素/英寸"。移动裁剪区域位置,模特居中(见图2.2.5),按回车键确认裁剪。

图2.2.5

　　步骤2:查看图像大小。选择菜单"图像"→"图像大小",查看裁剪后的图像大小(见图2.2.6)是否符合长图要求。

　　步骤3:保存文件。选择菜单"文件"→"存储",保存文件名为"童装.jpg",完成童装商品长图的制作。

图2.2.6

>>>>>>>> 任务3
制作商品白底图——快速选择工具应用

操作演示

情境设计

淘宝商品白底图的背景要求纯白色（#ffffff），无模特，只能出现单体商品，不允许有阴影和毛糙抠图痕迹。要求商品主体突出、展示完整，图片尺寸为800像素×800像素，分辨率为72像素/英寸，图片存储格式为PNG/JPEG，图片小于3 MB。

酸橙视觉创意有限公司为家居用品店制作儿童马桶商品白底图，摄影师小佳在卫生间拍摄了儿童马桶的照片（见图2.3.1），美工小美需要把照片制作成800像素×800像素的商品白底图（见图2.3.2）。

图2.3.1

图2.3.2

活动1 使用快速选择工具选取商品

活动背景

美工小美需要把照片中的儿童马桶选出来，复制、粘贴到800像素×800像素的白底背景中。她查看照片，发现蓝白色的儿童马桶轮廓清晰，与黄色的卫生间背景有明显色差，她打算用快速选择工具选取儿童马桶。

活动实施

▢ 知识窗

快速选择工具 ，利用可调整的圆形画笔的笔尖快速"绘制"选区。拖动时，选区会向外扩展并自动查找和跟随图像中定义的边缘。

步骤：打开素材"儿童马桶.jpg"，使用工具箱中的快速选择工具 选择儿童马桶（见图2.3.3），设置添加到选区 ，多次添加选区，直到完全选择了儿童马桶（见图2.3.4）。

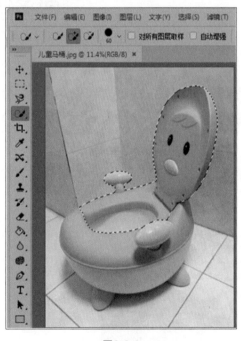

图2.3.3

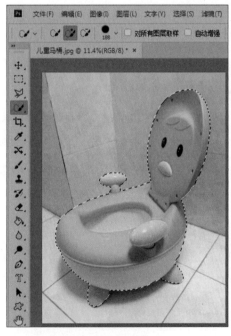

图2.3.4

活动2 自由变换校正形状和构图

活动背景

美工小美成功得到儿童马桶的选区，需要把儿童马桶复制到白底图像中，这时发现儿童马桶的尺寸太大，需要调整它的大小、位置，以突出商品主体。

活动实施

📖 知识窗

> 自由变换命令（快捷键Ctrl+T）可以在一个连续的操作中应用变换——旋转、缩放、斜切、扭曲和透视，也可以应用变形变换。

步骤1：新建文档。选择菜单"文件"→"新建"，设置文档标题为"儿童马桶白底图"，宽度为"800像素"，高度为"800像素"，分辨率为"72像素/英寸"，背景内容为白色（见图2.3.5）。把已选取的儿童马桶复制、粘贴到新建的白底文件中。

步骤2：调整商品大小。选择菜单"编辑"→"自由变换"（快捷键Ctrl+T），用鼠标拖动四角任意一个控制点，调整商品大小，在鼠标拖动的同时按住Shift键，可以保持缩放比例不变，并移动商品到图片中央（见图2.3.6），按回车键应用。

步骤3：保存文件。选择菜单"文件"→"存储"，保存类型为"JPEG"，完成儿童马桶的白底图制作（见图2.3.7）。

图2.3.5

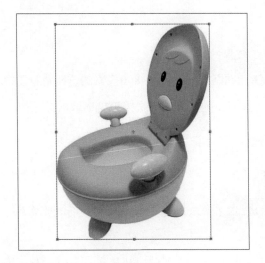

图2.3.6

图2.3.7

任务4
制作商品透明图——魔棒工具应用

情境设计

操作演示

淘宝商品透明图要求为透明背景，无模特，不允许有阴影和毛糙抠图痕迹，商品主体突出、展示完整。要求图片尺寸为800像素×800像素，分辨率为72像素/英寸，保存类型为PNG格式，图片小于3 MB。

酸橙视觉创意有限公司为数码专营店制作鼠标商品透明图，摄影师小佳把鼠标放在棕色的凳子上拍摄（见图2.4.1），美工小美需要把照片制作成800像素×800像素的商品透明图（见图2.4.2）。

图2.4.1

图2.4.2

活动1 使用魔棒工具选取商品

活动背景

美工小美需要把照片中的鼠标选出来，复制、粘贴到800像素×800像素的透明背景图中。她查看照片后，发现白色的鼠标和棕色的背景色差大，她打算使用魔棒工具选取鼠标图像。

活动实施

📖 知识窗

　　使用魔棒工具 🪄 可以选择颜色一致的区域，而不必跟踪其轮廓，指定相对于用户单击的原始颜色的选定色彩范围或容差。

　　魔棒工具属性栏（见图2.4.3），A：新选区；B：添加到选区；C：从选区减去；D：与选区交叉。

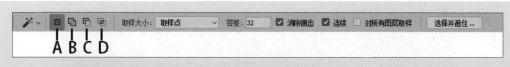

图2.4.3

● 容差：确定所选像素的色彩范围。以像素为单位输入一个值，范围为0~255。如果值较低，则会选择与所单击像素非常相似的少数几种颜色；如果值较高，则会选择范围更广的颜色。

● 消除锯齿：创建较平滑边缘选区。

● 连续：只选择使用相同颜色的邻近区域。否则，将会选择整个图像中使用相同颜色的所有像素。

● 对所有图层取样：使用所有可见图层中的数据选择颜色。否则，魔棒工具将只从现用图层中选择颜色。

步骤1：打开素材"鼠标.jpg"，选择魔棒工具 ，设置魔棒工具的属性，选择连续的选区 ，勾选"消除锯齿"，使用魔棒工具单击鼠标图案（见图2.4.4）。

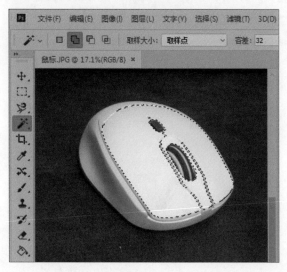

图2.4.4

步骤2：使用魔棒工具多次单击鼠标图案，直到完全选择鼠标图案（见图2.4.5）。

步骤3：点击工具属性栏的"选择并遮住"，调整"平滑"，得出平滑的鼠标选区（见图2.4.6），点击"确定"按钮。

图2.4.5

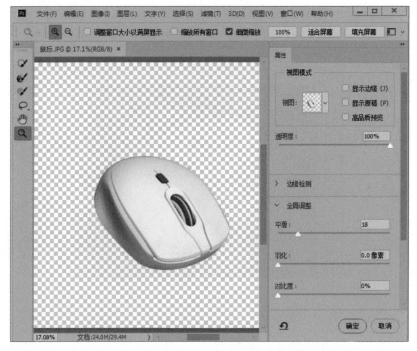

图2.4.6

活动2　自由变换校正形状和构图

活动背景

美工小美利用魔棒工具成功得到鼠标选区,需要把鼠标复制到透明背景的图像中,调整商品构图,突出商品主体。

活动实施

步骤1:新建文档,标题为"鼠标",宽度为"800像素",高度为"800像素",分辨率为"72像素/英寸",背景内容为"透明"(见图2.4.7)。

步骤2:把已选取的鼠标复制、粘贴到新建的透明背景文件中。

步骤3:调整商品大小与构图。选择菜单"编辑"→"自由变换"(快捷键Ctrl+T),用鼠标拖动四角任意一个控制点,调整商品大小,在鼠标拖动的同时按住Shift键,可以保持缩放比例不变(见图2.4.8)。调整商品大小,移动商品到图片中央,按回车键应用。

图2.4.7

步骤4:保存文件。选择菜单"文件"→"存储",保存类型为"PNG"格式,完成商品透明图的制作(见图2.4.9)。

图2.4.8

图2.4.9

项目评价

评价标准	评价指标	得　分
格式规范	符合基本格式规范, 包括图像大小、分辨率、背景、格式等。(30分)	
构图合理	商品主体突出, 展示完整, 居中, 大小合适。(30分)	
效果自然	商品边缘自然, 无抠图痕迹。(40分)	
总　　分		
评价等级	优秀: 90~100分; 良好: 75~89分; 一般: 60~74分; 差: 0~59分。	

项目测试

1.操作题

打开素材"积木.jpg"(见题图1), 把图片裁剪成方形商品图(见题图2), 尺寸为800像素×800像素, 图片存储为JPG/PNG格式, 图片小于3 MB。

题图1　　　　　　　　　　　　　　　　　　题图2

2.操作题

打开素材"马达.jpg"(见题图3), 把照片制作成透明方形的商品图(见题图4), 尺寸为800像素×800像素, 图片存储为JPG/PNG格式, 图片小于3 MB。

3.操作题

打开素材"音箱.jpg"(见题图5), 把照片制作成商品白底图(见题图6), 尺寸为800像素×800像素, 分辨率为72像素/英寸, 图片存储为PNG/JPEG格式。

题图3

题图4

题图5

题图6

4.操作题

　　打开素材"平衡车.jpg"（见题图7），把照片制作成商品白底图（见题图8），尺寸为800像素×800像素，分辨率为72像素/英寸，图片存储为PNG/JPEG格式。

题图7

题图8

项目 3
精修商品照片
——图像修饰与色彩调整

▣ 项目综述

颜色在图像的修饰中起着重要的作用,它可以产生对比效果,使图像更加绚丽。正确运用颜色能使黯淡的图像明亮绚丽,使毫无特色的图像充满活力。美观、无瑕疵的商品图像是吸引顾客进入店铺的重要途径之一,但由于照片拍摄的问题,商品图片有时会出现一些曝光、偏色以及模特面部和身材瑕疵等问题。本项目的主要任务是运用"调整"命令进行色彩调整,并使用修复工具处理图片瑕疵,制作出清晰美观的商品图片。

▣ 项目目标

知识目标

◇知道图像修饰的方法。

◇知道色彩调整的方法。

能力目标

◇学会使用仿制图章工具去除杂物。

◇学会使用调整命令调整图像色彩。

◇学会使用修补工具去除水印。

◇学会使用红眼工具去除人物红眼。

◇学会使用污点修复画笔工具祛斑。

◇学会使用模糊工具美化皮肤。

◇学会使用曲线命令美白人物。

◇学会使用液化命令瘦脸瘦身。

素质目标

◇培养独立操作的探究精神。

◇培养耐心细致的工作态度。

◇培养良好的审美观和艺术欣赏能力。

◇激发学生对网店美工岗位的兴趣。

◇培养学生与时俱进的创新精神。

□**项目思维导图**

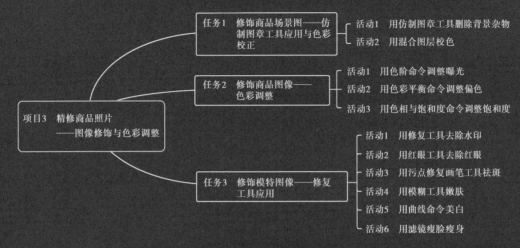

任务1 修饰商品场景图——仿制图章工具应用与色彩校正
- 活动1 用仿制图章工具删除背景杂物
- 活动2 用混合图层校色

任务2 修饰商品图像——色彩调整
- 活动1 用色阶命令调整曝光
- 活动2 用色彩平衡命令调整偏色
- 活动3 用色相与饱和度命令调整饱和度

项目3 精修商品照片——图像修饰与色彩调整

任务3 修饰模特图像——修复工具应用
- 活动1 用修复工具去除水印
- 活动2 用红眼工具去除红眼
- 活动3 用污点修复画笔工具祛斑
- 活动4 用模糊工具嫩肤
- 活动5 用曲线命令美白
- 活动6 用滤镜瘦脸瘦身

》》》》》 任务1
修饰商品场景图——仿制图章工具应用与色彩校正

情境设计

淘宝商品场景图要求整体场景氛围真实美观，无明显粗糙修图、无水印、无LOGO；画面主体清晰美观，视觉整体重心与画面保持居中；整体协调，饱和度适中，色彩适宜，避免景色复杂、图片曝光不足或者过度、照片失真。

操作演示

酸橙视觉创意有限公司为饰品店制作项链商品图，摄影师小佳拍摄的照片中背景出现了浴球杂物（见图3.1.1），美工小美需要把照片修复为背景干净、主体清晰的商品场景图（见图3.1.2）。

图3.1.1

图3.1.2

活动1 用仿制图章工具删除背景杂物

活动背景

美工小美查看摄影师小佳提供的项链照片，发现照片左上角出现杂物，不符合商品场景图主体突出、背景干净的要求，需要删除照片中多余的杂物。

活动实施

🗁 知识窗

　　仿制图章工具 是专门的修图工具，可以用来消除照片背景中不相干的杂物、消除人物脸部斑点、填补图片空缺等。它可以将图像中的一部分内容绘制到图像的另一部分，也可以将一个图层的一部分绘制到另一个图层。

　　在使用仿制图章工具时，首先需要确定一个仿制源，这个仿制源应该与图像中需要修复的地方非常接近，然后用仿制源的图像来进行修复。

　　在使用仿制图章工具时，应根据图像中杂色或斑点的复杂程度随时更改取样点及笔刷的样式、大小、不透明度等。

　　步骤1：打开素材"项链照片.jpg"，选择工具栏中的"仿制图章工具" 仿制图章工具 ，工具属性栏的参数设置如图3.1.3所示。

图3.1.3

步骤2：删除背景杂物。选取仿制源，按住Alt键，用鼠标在图片的干净背景部分单击（见图3.1.4）。然后单击鼠标，对背景杂物进行涂抹（见图3.1.5），多次反复执行上述步骤，直至完全删除背景杂物（见图3.1.6）。

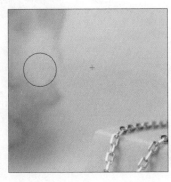

图3.1.4　　　　　　　　　　图3.1.5　　　　　　　　　　图3.1.6

活动2　用混合图层校色

活动背景

美工小美处理好照片背景中的杂物后，美工组长大鹏发现照片中项链的主体不够清晰明亮，需要提高照片的明亮度，使饰品更加耀眼。

活动实施

🗒 知识窗

　　图层混合模式是指上下图层之间进行色彩混合的方式。正确、灵活地运用Photoshop中的图层混合模式，可以产生丰富的图像效果。

　　Photoshop 提供了27种图层混合模式，它们位于图层面板"模式"菜单栏中，不同的图层混合模式可以创建不同的混合效果，也可以通过设置不同的透明度调整混合效果。

　　叠加模式可以加强背景图层颜色的对比度，并且覆盖掉背景图层上浅颜色的部分。

步骤1：复制背景图层，得到背景拷贝图层。

步骤2：通过混合图层模式选框中的下拉列表，将背景拷贝图层的混合模式修改为"叠加"（见图3.1.7）。

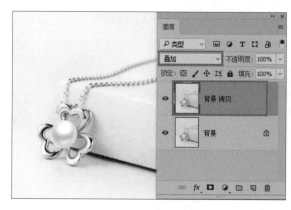

图3.1.7

步骤3: 保存文件, 文件名为"项链2", 格式为"JPEG"。

任务2
修饰商品图像——色彩调整

操作演示

情境设计

浏览商品图片是买家了解产品最基本的方式, 商品色彩是买家认识产品的基础之一。在商品拍摄的过程中, 由于天气、场景、光线、拍摄技术等原因的影响, 拍出来的图片可能出现偏色、曝光不足或过度等情况, 这就需要对图片进行后期的校正处理, 调整图片的色彩, 使得图片中的商品效果能无限接近真实商品。

酸橙视觉创意有限公司为鞋品店制作女鞋商品图, 摄影师小佳拍摄了黄色女鞋照片(见图3.2.1), 美工小美需要把黄色女鞋修复为色彩明亮的商品图(见图3.2.2)。

图3.2.1

图3.2.2

活动1 用色阶命令调整曝光

活动背景

美工小美查看摄影师小佳提供的黄色女鞋照片,发现图片曝光度不够,整体偏暗,且主体画面不够清晰,与商品场景图主体画面清晰、美观的要求不一致,需要提高照片的曝光度。

活动实施

🗔 **知识窗**

当一张照片的明暗效果过黑或过白时,可以使用"色阶"命令来调整整个图像中各个通道的明暗程度。

色阶(快捷键Ctrl+L)是通过调整图片中的像素分布来调整画面的曝光和层次,即指从暗(最暗处为黑色)到亮(最亮处为白色)像素的分布状况。

步骤1:打开素材"女鞋照片.jpg",选择菜单"图像"→"调整"→"色阶",打开"色阶"对话框。

步骤2:在"色阶"对话框中,设置"输入色阶"的参数值如图3.2.3所示,单击"确定"按钮。此时,曝光不足的商品图片曝光恢复正常,效果如图3.2.4所示。

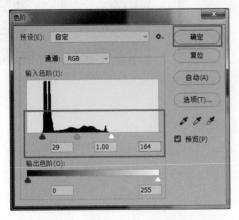

图3.2.3 图3.2.4

活动2 用色彩平衡命令调整偏色

活动背景

美工小美在提高了图片的亮度之后,发现主体商品的颜色虽有所变化,但仍不符合商品场景图真实美观的要求,需要修复鞋子的偏色,让照片的商品颜色与实物颜色相符。

活动实施

知识窗

色彩平衡可以改变图像颜色的构成，调整图像的整体色彩偏向。它可以将图像恢复到正常的颜色，也可对照片进行做旧处理。

色彩平衡（快捷键Ctrl+B）命令可以分别调整图片的暗调、中间调和高光3个色调的分布情况，每个色调可以进行独立的色彩调整，通过添加过渡色调的相反色来平衡画面的色彩。

步骤1：选择菜单"图像"→"调整"→"色彩平衡"，打开"色彩平衡"对话框。

步骤2：在"色彩平衡"对话框中设置"色彩平衡"的参数值，选中"中间调"（见图3.2.5），单击"确定"按钮。此时，偏色的商品图片颜色恢复正常（见图3.2.6）。

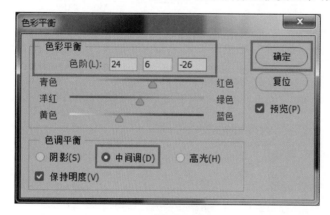

图3.2.5

图3.2.6

活动3　用色相与饱和度命令调整饱和度

活动背景

美工小美在调整了鞋面的偏色之后，美工组长大鹏发现照片中商品鞋面颜色不够鲜艳，需要调整鞋面的饱和度，让其颜色更加美观。

活动实施

知识窗

色相/饱和度（快捷键Ctrl+U）命令可以调整图像中单个颜色成分的色相、饱和度和亮度，还可以通过给像素指定新的色相和饱和度，给灰度图像添加颜色。

色相/饱和度常用参数含义说明:

● 色相: 拖动"色相"滑动杆的滑块, 或者在"色相"数值框中输入数值可以更改所选颜色范围的色相, 色相的调节范围为-180~+180。

● 饱和度: "饱和度"滑动杆上的滑块向右滑动, 可以增强所选颜色范围的饱和度; 向左滑动, 可以降低所选颜色范围的饱和度。饱和度的取值范围为-100~+100。

● 明度: "明度"滑动杆上的滑块向右滑动, 可以增强所选颜色范围的亮度; 向左滑动, 则可以降低所选颜色范围的亮度。

步骤1: 选择菜单"图像"→"调整→"色相/饱和度", 打开"色相/饱和度"对话框。

步骤2: 在"色相/饱和度"对话框中, 设置"色相""饱和度"和"明度"的参数值(见图3.2.7), 单击"确定"按钮。此时, 黄色的鞋面颜色变得更鲜艳了(见图3.2.8)。

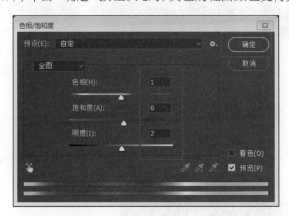

图3.2.7 　　　　　　　　　　　　　　　　图3.2.8

步骤3: 保存文件, 文件名为"鞋子", 格式为"JPEG"。

>>>>>>> 任务3
修饰模特图像——修复工具应用

操作演示

情境设计

淘宝店铺的场景图像大部分都是使用数码相机拍摄完成的, 服装类店铺为了真实地反映服装的穿搭效果, 基本都会通过模特进行展示。这时, 模特的肤色、脸部瑕疵、身材不足等问题会暴露在高清图像中。因此，上传至店铺的模特图像往往需要用Photoshop进行调整修复，去除模特照片的瑕疵，达到美观效果。

酸橙视觉创意有限公司为女装店制作模特展示图，摄影师小佳拍摄了女模特照片（见图3.3.1），美工小美需要把照片修复为无水印、无瑕疵的模特展示图（见图3.3.2）。

图3.3.1 　　　　　　　　　　　　　　图3.3.2

活动1　用修复工具去除水印

活动背景

美工小美查看摄影师小佳提供的模特照片，发现图片的右下角带有拍摄时间的水印（见图3.3.3），与商品场景图画面无水印的要求不一致，需要把水印去除。

图3.3.3

活动实施

🗐 知识窗

　　修补工具可以将选区内的像素用其他区域或图案中的像素来修复，达到去除水印和修补瑕疵的效果。

　　使用修补工具时，在需要修补的区域中按住鼠标左键绘制选区，该选区可以增加或减少编辑，然后将光标移到选区内，拉取需要修复的选区，拖动到附近完好的区域方可实现修补，松开鼠标即可达到修复目的。

　　修补工具的使用说明如图3.3.4所示。

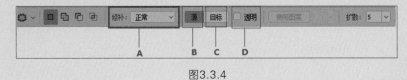

图3.3.4

　　A：“修补”选项后面的选择框中有两个选项，“正常”表示将按照默认的方式进行修补；“内容识别”表示会自动根据修补区域周围的图像进行智能修补。

　　B：选择“源”表示将选定区域作为源图像选区，将该区域拖到目标区域后，就把目标区域的图像覆盖。

　　C：选择“目标”表示将选定区域作为目标区域，用该区域去覆盖需要修补的区域。

　　D：勾选“透明”复选框可以使修补的图像与原图像产生透明的叠加效果。

　　步骤1：打开素材“模特照片.jpg”，在工具栏选择修补工具（见图3.3.5）。

　　步骤2：使用修补工具，按住鼠标左键在图像的右下方绘制选区，将拍摄时间的水印创建成选区（见图3.3.6）。将光标移到选区内，并拉取选区至选区附近的区域完成修补，最后松开鼠标。反复几次直至完全消除水印，达成修复目的（见图3.3.7）。

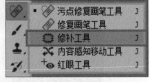

图3.3.5

图3.3.6

图3.3.7

活动2 用红眼工具去除红眼

活动背景

美工小美在去除照片的水印之后,发现照片中模特的眼睛出现明显的红眼,需要恢复正常瞳孔颜色,实现美观的图片效果。

活动实施

⊟ 知识窗

"红眼工具"可以消除人物照片中的红眼,也可以消除用闪光灯拍摄动物照片时产生的白光或绿色反光。

选择"红眼工具",在属性栏中设置瞳孔大小和变暗量两个参数,然后将光标移到红眼部位单击,红眼可以快速消除。

步骤1:在工具栏中选择红眼工具(见图3.3.8)。

步骤2:使用红眼工具,在模特的眼睛部位(见图3.3.9)单击,修复效果见图3.3.10。

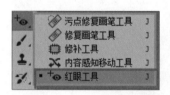

图3.3.8

图3.3.9

图3.3.10

活动3　用污点修复画笔工具祛斑

活动背景

美工小美消除红眼修复工作后, 发现模特的脸部有一些小斑点, 需要进行下一步的修复工作, 去除模特脸部的小斑点, 实现面部无明显瑕疵的效果。

活动实施

🖥 知识窗

> 污点修复画笔工具是Photoshop处理照片常用的工具之一, 利用污点修复画笔工具可以快速移去照片中的污点和其他不理想部分。
>
> 选择"污点修复画笔工具", 在属性栏设置参数后, 画笔的大小以能盖住斑点为基准设置, 单击(涂抹)需要去除污点的地方即可。

步骤1: 在工具栏中选择污点修复画笔工具(见图3.3.11)。

步骤2: 使用污点修复画笔工具, 在属性栏中调整画笔的大小(见图3.3.12), 将光标移至模特脸部需要祛斑的位置(见图3.3.13)并单击, 完成修复, 效果如图3.3.14所示。

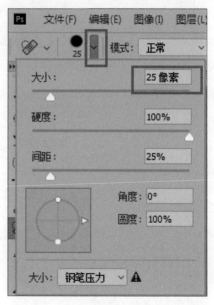

图3.3.11

图3.3.12

图3.3.13

图3.3.14

活动4 用模糊工具嫩肤

活动背景

美工小美在修复模特脸部斑点时，将照片放大之后发现模特的脸部皮肤不够光滑，为实现模特更美观的效果，需要将面部的毛孔细化，使模特的皮肤更加细嫩光滑。

活动实施

☐ 知识窗

模糊工具也称柔化工具，作用是将涂抹的区域变得模糊，可用于对图像进行柔化，也可用于对人物图像的皮肤美化。

模糊工具属性栏，可以对模糊工具的画笔大小、硬度、模式、强度等参数进行调整（见图3.3.15）。

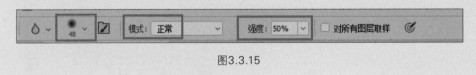

图3.3.15

步骤1：在工具栏中选择模糊工具（见图3.3.16）。

步骤2：使用模糊工具，在属性栏中调整画笔（见图3.3.17）；将光标移至模特脸部需要嫩肤的位置（见图3.3.18）；放大图像后进行涂抹，变换画笔大小反复执行涂抹操作，直至达成嫩肤效果（见图3.3.19）。

图3.3.16

图3.3.17

图3.3.18

图3.3.19

活动5　用曲线命令美白

活动背景

美工小美在完成嫩肤后，美工组长大鹏发现照片美中不足的是模特的皮肤偏暗沉，小美需要对模特的皮肤进行美白，让照片整体看起来足以吸引眼球。

活动实施

🗒 知识窗

曲线（快捷键Ctrl+M）命令可对图像的明亮对比度进行精细调节，不仅可以对图像暗调、中间调和高光进行调节，而且可以对图像的任一灰阶值进行调节。调整曲线向上弯曲时，色调变亮；调整曲线向下弯曲时，色调变暗。

步骤1：选择菜单"图像"→"调整"→"曲线"，打开"曲线"对话框。

步骤2：在"曲线"对话框中，在曲线中部单击增加新的控制点，并向上拖动控制点（见图3.3.20），单击"确定"按钮，完成模特的皮肤美白，效果对比如图3.3.21、图3.3.22所示。

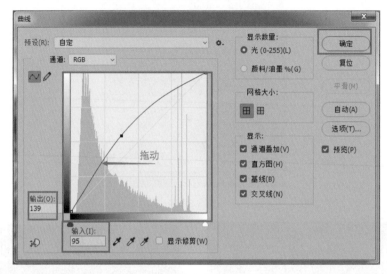

图3.3.20

图3.3.21

图3.3.22

活动6　用滤镜瘦脸瘦身

活动背景

在拍照时，模特往往会因为一些不经意的小动作使面部和身材显得比较臃肿，为了让模特展示图实现更好的效果，美工小美需要调整模特的脸部和身材的线条，让模特的整体线条修长一些。

活动实施

▢ 知识窗

　　液化滤镜可用于推、拉、旋转、反射、折叠和膨胀图像的任意区域，这可实现对模特身形的调整。

　　步骤1：选择菜单"滤镜"→"液化"，打开"液化"对话框。

　　步骤2：在"液化"对话框中选择 "脸部工具"（见图3.3.23），将脸部定位的6个点向内拖动至合适的位置，单击"确定"按钮，瘦脸的效果如图3.3.24所示。

图3.3.23　　　　　　　　　　　　　　　　　图3.3.24

　　步骤3：再次打开"液化"对话框，选择"向前变形工具"，调整画笔工具选项的画笔大小、压力，对头部及手臂部分（见图3.3.25）向内拖动到合适的位置，完成模特瘦身，效果对比如图3.3.26、图3.3.27所示。

图3.3.25

步骤4: 保存文件, 文件名为"模特", 格式为"JPEG"。

图3.3.26

图3.3.27

项目评价

评价标准	评价指标	得　分
格式规范	符合基本格式规范,包括保存命名、格式等。(10分)	
背景干净	主体突出,无背景杂物,无水印。(20分)	
色彩真实	无曝光问题,商品不失真,不偏色,色彩真实明亮。(30分)	
效果美观	整体色彩明亮,人物脸部无瑕疵,皮肤细嫩白皙。(40分)	
总　分		
评价等级	优秀: 90~100分; 良好: 75~89分; 一般: 60~74分; 差: 0~59分。	

项目测试

1.操作题

打开素材"帽子.jpg",把有文字背景的帽子图(见题图1)制作成干净白底的商品图(见题图2)。

题图1

题图2

2.操作题

打开素材"手表.jpg",把曝光不足的手表商品图(见题图3)调整为清晰明亮的商品图(见题图4)。

题图3   题图4

3.操作题

打开素材"足球.jpg",把红白蓝黄色足球图(见题图5)制作成紫白青橙色足球的商品图(见题图6)。

题图5   题图6

4.操作题

打开素材"旅游照.jpg",消除人物图(见题图7)脸部瑕疵,完成人物美白(见题图8)。

题图7   题图8

5.操作题

打开素材"全身照.jpg"，对人物图（见题图9）中的模特进行瘦脸、瘦身，效果如题图10所示。

题图9

题图10

项目 4
制作商品详情页
——文字工具应用

▢ 项目综述

商品详情页是网上商店所出售商品的详细信息介绍页面。商品详细信息的描述一定要真实、准确，好的商品详情页能吸引眼球，提高商品的转化率，增加销量。商品详情页要美观、整洁、图文并茂，一般包括商品的基本信息、整体展示、细节展示、商品功能、商品特点、活动信息等。

商品详情页的宽度为750像素，高度没有限制。商品详情页中的文字，力求清晰、准确地让买家了解商品的特点、材质、产地、价格、使用方法等信息，也可以让买家了解最新的商品活动和优惠信息，起到营销的作用。对文字的恰当排版和设计，不但能够有效地突出产品特征，而且能够对商品详情页起美化作用。本项目的主要任务是运用文字工具、文字蒙版工具和文字段落制作商品详情页。

▢ 项目目标

知识目标

◇了解商品详情页的作用和内容。

◇熟悉文字工具。

◇知道文字工具的使用方法。

能力目标

◇学会创建横排文字和直排文字。

◇学会设置文字属性。

◇学会使用文字变形工具。

◇学会创建并编辑段落文字，学会设置段落属性。

◇学会使用文字蒙版工具。

素质目标

◇培养耐心细致的工作态度。

◇激发学生的创造力。

◇培养良好的审美观和艺术欣赏能力。

◇激发学生对网店美工岗位的兴趣。

□ 项目思维导图

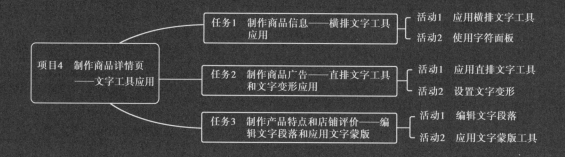

任务1
制作商品信息——横排文字工具应用

情境设计

酸橙视觉创意有限公司为文具旗舰店设计制作水彩笔的商品详情页,摄影师已经拍好照片,美工小美已经进行了基本的详情页框架设计,现在需要对图4.1.1使用文字工具排版制作商品信息文字表述部分(见图4.1.2)。

图4.1.1

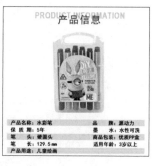

图4.1.2

活动1　应用横排文字工具

活动背景

美工小美为了使商品详情页中的结构更加清晰,需要设置标题,包括中文和英文,使用横排文字工具制作并设置文字格式。

活动实施

⊟ **知识窗**

文字工具有横排文字工具、直排文字工具、横排文字蒙版工具和直排文字蒙版工具（见图4.1.3）。

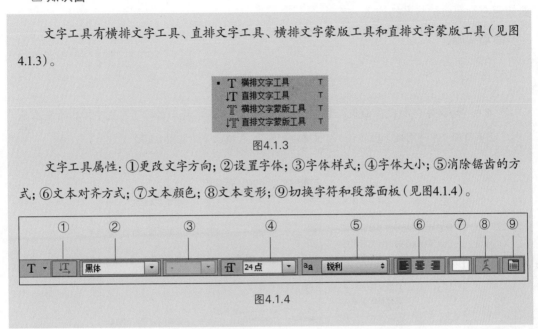

图4.1.3

文字工具属性：①更改文字方向；②设置字体；③字体样式；④字体大小；⑤消除锯齿的方式；⑥文本对齐方式；⑦文本颜色；⑧文本变形；⑨切换字符和段落面板（见图4.1.4）。

图4.1.4

步骤1：打开素材"水彩笔详情页素材图.jpg"。

步骤2：使用横排文字工具 **T 横排文字工具** ，输入英文"PRODUCT INFORMATION"，在属性栏中设置文字属性，字体为Arial，字体大小为40点，文本颜色为#f7c997（见图4.1.5），单击"提交所有当前编辑"按钮 ✔ 完成文字编辑。使用移动工具 ⊹ 或使用键盘上的方向键移动至合适位置（见图4.1.6）。

步骤3：使用横排文字工具输入"产品信息"，设置字体为黑体，字体大小为48点，文本颜色为#d01526，并移动至合适位置（见图4.1.6）。

图4.1.5

PRODUCT INFORMATION
产品信息

图4.1.6

活动2 使用字符面板

活动背景

水彩笔的产品信息包含了水彩笔的整体图片、产品名称、品牌、材质、产地等信息，美工小美使用字符面板编辑产品信息文字。

活动实施

▢ 知识窗

单击"切换字符和段落面板" 🖼 可以打开字符面板。字符面板除了有文字工具的基本属性，还有行距、字符间距、基线偏移、文本字形、文本缩放等（见图4.1.7）。

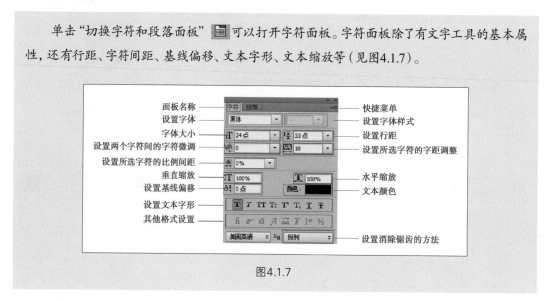

图4.1.7

步骤1：使用横排文字工具输入文字 "产品名称：水彩笔　品牌：源动力"并按回车键，按照图4.1.8输入其他文字。

步骤2：选中所有文字，单击属性栏上的"切换字符和段落面板" 🖼，打开"字符"面板，设置字体为黑体，字体大小为24点，行距为33点；设置所选字符的间距为10，文本颜色为 #000000（见图4.1.8），并移动至合适位置（见图4.1.9）。

图4.1.8

图4.1.9

〉〉〉〉〉〉 任务2
制作商品广告——直排文字工具和文字变形应用

情境设计

为了突出水彩笔的特点和卖点，美工小美在商品详情页增加了商品广告，包括商品名称、品牌和特征等（见图4.2.1）。

图4.2.1

活动1　应用直排文字工具

活动背景

水彩笔的商品广告不仅包含商品的名称、功能和特点，而且通过"水彩笔能让孩子创造梦想"的理念吸引孩子，美工小美打算使用直排文字工具和横排文字工具进行排版，使版面更活泼。

活动实施

步骤1：使用直排文字工具 **┃T 直排文字工具** 输入文字"源动力"，设置文本属性，字体为黑体，字体大小为42点，所选字符的字距调整为157，文本颜色为#cd1b1b。使用移动工具把文字移动至合适位置（见图4.2.2）。

步骤2：使用直排文字工具分别输入"画笔描绘多彩天空""创意成就未来梦想""画笔丰富""多层设计"，设置文字属性，并移至图4.2.3所示位置。

步骤3：使用横排文字工具完成其他文字输入，并完成文字属性设置（见图4.2.3）。

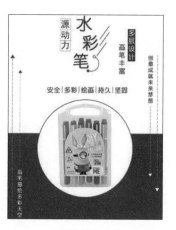

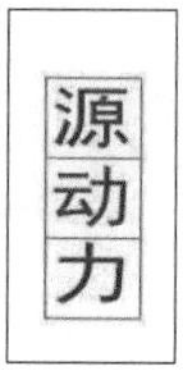
源
动
力

图4.2.2

源动力
水彩笔
多层设计
画笔丰富
创意成就未来梦想
安全|多彩|绘画|持久|坚固
画笔描绘多彩天空

图4.2.3

活动2　设置文字变形

活动背景

水彩笔的商品广告要活泼、简洁，同时表达出水彩笔可以成为父母陪伴孩子共同筑梦的纽带，小美打算使用文字变形工具进行制作。

活动实施

知识窗

通过单击“变形文字”按钮，打开“变形文字”对话框，其中包含变形样式、方向、弯曲、扭曲等（见图4.2.4）。

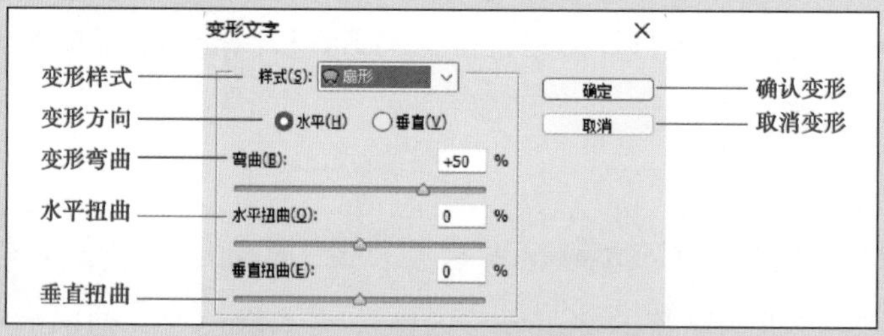
变形文字
变形样式
变形方向
变形弯曲
水平扭曲
垂直扭曲
样式(S): 扇形
水平(H)
垂直(V)
弯曲(B): +50 %
水平扭曲(O): 0 %
垂直扭曲(E): 0 %
确定
取消
确认变形
取消变形

图4.2.4

步骤1：使用横排文字工具输入文字“和孩子一起放飞绘画梦想”，设置文字属性，字体为幼圆，字体大小为24点，所选字符的字距调整为200。

步骤2：选中文字，单击“变形文字”按钮，设置变形，变形样式为扇形，变形方向为水平，弯曲为−43（见图4.2.5），使用移动工具移动至合适位置（见图4.2.6）。

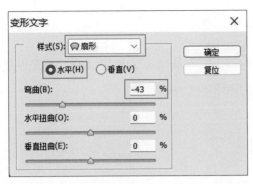

图4.2.5　　　　　　　　　　　　　　　图4.2.6

任务3
制作产品特点和店铺评价——编辑文字段落和应用文字蒙版

情境设计

为了突出产品的质量和优势,在水彩笔详情页中(见图4.3.1)强调了水彩的安全性、流畅性、大容量、产品特点等,让顾客放心购买和使用,并将店铺评价截图呈现(见图4.3.2),增强顾客的购买信心。

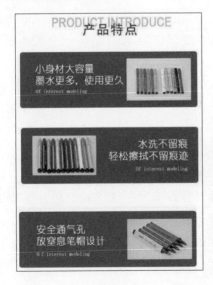

图4.3.1

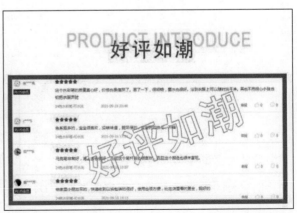

图4.3.2

活动1　编辑文字段落

活动背景

水彩笔详情页以图文并茂的方式呈现产品特点,包含水彩笔优势、特点、功能以及安全性。为了美化版面,美工小美打算通过编辑文字段落进行格式排版。

活动实施

🖳 知识窗

在文字工具属性栏 🔳 和窗口菜单中都可以打开段落工作面板,设置段落对齐方式(见图4.3.3)。

图4.3.3

段落形成的方式有两种:一种是在输入过程中,按回车键形成一个新的段落;另一种是在使用文字输入工具时,按住鼠标左键拖动绘制文本框,再进行文字输入,文字在文本框内自动换行,按回车键会形成一个新的段落。

步骤1:单击横排文字工具 **T 横排文字工具** ,按下鼠标左键拖动绘制一个文本框(见图4.3.4),输入文字(见图4.3.5所示)。

🖳 小贴士

拖动文本框控制点可以改变文本框的大小。

步骤2:选中所有文字,打开段落面板 🔳 ,设置对齐方式为左对齐文本 🔳 。选择文字"小身材大容量　墨水更多,使用更久",设置文本属性,字体为幼圆,字体大小为36点,所选字符的字符间距调整为7,文本颜色为#ffffff,文本字形为仿粗体。

步骤3：选择文字"of interest modeling"，设置文本属性，字体为宋体，字体大小为20点，文本颜色为#ffffff。选择文字"小身材大容量　墨水更多，使用更久 of interest modeling"，设置行距为50点（见图4.3.5）。

步骤4：参照上述操作，完成其他产品特点文字输入，设置段落属性（见图4.3.6）。

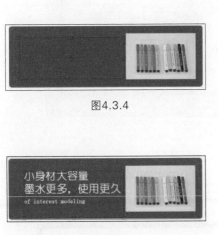

图4.3.4

图4.3.5

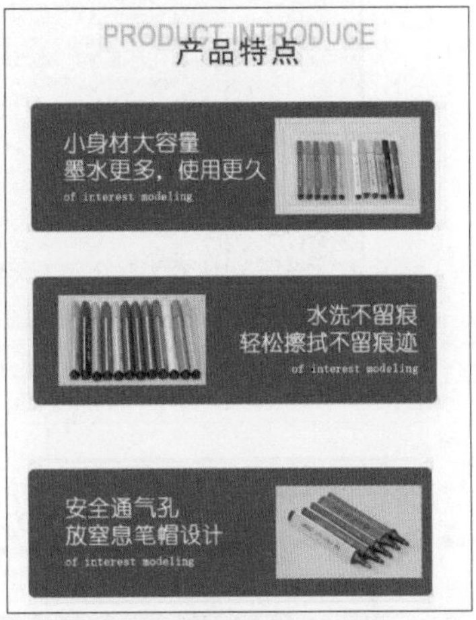

图4.3.6

活动2　应用文字蒙版工具

活动背景

评价信息是通过商品质量、服务态度、发货速度、物流公司服务的反馈信息，让买家全面了解已购商品的满意度。评价截图要真实、可信、简洁、明了，小美决定使用文字蒙版的方式进行制作，增强展现效果。

活动实施

📖 知识窗

文字蒙版工具包括横排文字蒙版工具和直排文字蒙版工具 ⬚直排文字蒙版工具 / ⬚横排文字蒙版工具 。文字蒙版可以得到文字的选区，可以对选区进行描边、填充、渐变等操作，实现更多文字效果。

步骤1：使用横排文字蒙版工具（见图4.3.7），输入文字"好评如潮"，设置文本属性，字体为黑体，字体大小为100点，完成编辑后单击工具栏的 ✔，出现文字选区（见图4.3.8）。

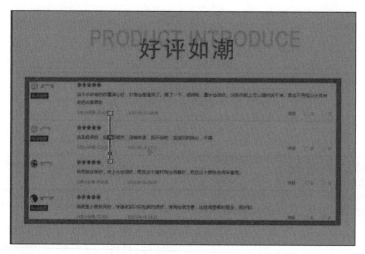

图4.3.7

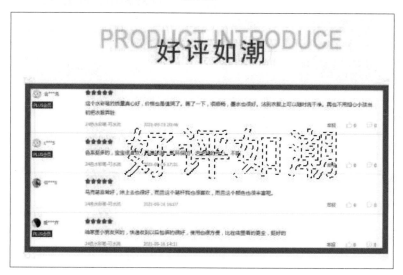

图4.3.8

步骤2：在图层面板底部单击新建图层 按钮，新建图层1，选择菜单"编辑"→"描边"，设置描边宽度为1像素，颜色为#747474，位置居中（见图4.3.9）。完成描边后，取消选区（快捷键Ctrl+D），描边效果如图4.3.10所示。

步骤3：按快捷键Ctrl+T对文字进行自由变换，将光标移至对角线变成 时，旋转文字，并移动至图4.3.11所示位置，按回车键或 完成变换。

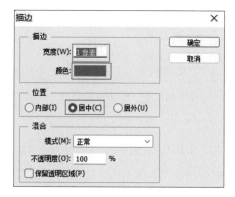

图4.3.9

图4.3.10

图4.3.11

步骤4：保存文件，文件名为"水彩笔商品详情页"，格式为"JPEG"和"PSD"。

项目评价

评价标准	评价指标	得　分
文字与段落设置	掌握文字与段落输入和属性设置。（60分）	
文字效果	比例设置美观，整体上控制图片、文字、留白面积之间的大小，让画面整体带有视觉上的美感，辅助商品销售，突出商品特点，符合商品详情页的标准。（40分）	
总　分		
评价等级	优秀：90~100分；良好：75~89分；一般：60~74分；差：0~59分。	

项目测试

1.操作题

打开素材"产品价值.jpg"（见题图1），制作编辑产品价值文字信息。要求为字体：黑体，字体大小：24点，文本颜色：#ffffff（见题图2），保存格式为"JPEG"。

题图1　　　　　　　　　　　　　题图2

2.操作题

打开素材"购买须知.jpg"（见题图3），制作编辑购买须知信息。要求为字体：黑体，文本颜色：#cd1b1b，对齐方式：居中，小标题字体大小：24点，其他字体大小：18点（见题图4），保存格式为"JPEG"。

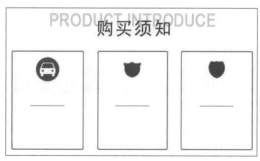 

题图3　　　　　　　　　　　　　题图4

3.操作题

打开素材"产品活动.jpg"（见题图5），制作编辑产品营销活动信息。具体要求如下：

"六一儿童节"字体：幼圆，字体大小：18点，文本颜色：#f87257，文字变形：水平，扇形，变曲：30。

　　"梦想新开花"字体:幼圆,字体大小:48点,文本颜色:#f87257。

　　"满100减20,满200减50"字体:楷体,字体大小:28点,文本颜色:#ffffff,文本字形:仿粗体。

　　"活动时间:2022年5月15日—2022年6月15日"字体:楷体,字体大小:18点,文本颜色:#f87257,文本字形:仿粗体。

　　直排文字蒙版字体:隶书,字体大小:72点,图层样式:投影,不透明度:10,混合模式:正片叠底,颜色:#ff2424(见题图6),保存格式为"JPEG"。

题图5　　　　　　　　　　　　　　　　题图6

项目 5
制作网店商品主图
——形状工具应用

☐ **项目综述**

　　网店商品主图相当于店铺的门面,当消费者通过关键词搜到自己想要的产品时,淘宝将会通过类目筛选和关键词截取的方法推送与之相关的产品图片,展现给消费者。这就决定了消费者第一时间看到的图片内容有很大的相似性,主图是否与众不同或反映消费者的需求将直接决定消费者是否进入店铺一看究竟。产品清晰、好的主图能带来高点击率,提高转化率。天猫、天猫国际、聚划算商品主图都有相应的行业标准和发布规范。本项目的主要任务是运用形状工具制作出符合行业标准的商品主图。

☐ **项目目标**

知识目标

◇了解商品主图的制作方法。

◇知道形状工具的功能。

能力目标

◇熟悉Photoshop操作界面。

◇学会使用矩形工具制作直营标识。

◇学会制作主图标语。

◇学会使用圆角矩形与椭圆工具绘制标签。

◇学会自定形状工具绘制标签。

◇掌握商品主图的制作方法。

素质目标

◇培养耐心细致的工作态度。

◇培养良好的审美观和艺术欣赏能力。

◇树立专业就业和创业自信心。

◇激发学生对网店美工岗位的兴趣。

□ 项目思维导图

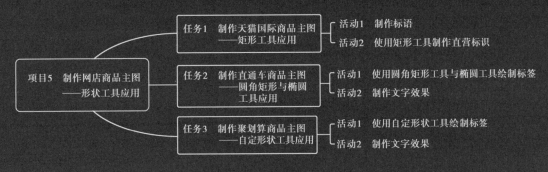

任务1
制作天猫国际商品主图——矩形工具应用

情境设计

根据天猫国际商品主图发布规范：主图必须为实物拍摄图，并且每张图片必须大于等于800像素×800像素（自动拥有放大镜功能）；如获得了相应品牌商品的商标使用权，则可将商品品牌的LOGO放置于主图左上角，大小为主图的1/10寸；第一张和第二张主图必须为商品正面全貌、清晰的实物拍摄图；图片不得出现水印，不得包含促销、夸大描述等文字说明；该文字说明包括但不限于秒杀、限时折扣、包邮、满就减（送）等。图片不得出现任何形式的边框，不得留白，不得出现拼接图，除情侣装、亲子装等特殊类目外，不得出现多个主体。

酸橙视觉创意有限公司为运动服饰店制作商品主图，摄影师小佳把已拍摄好的商品原图发给了网店美工小美，小美需要把商品图制作成800像素×800像素、分辨率为72像素/英寸（1英寸=2.54厘米）的商品主图，在天猫国际官方直营店发布（见图5.1.1）。

图5.1.1

活动1　制作标语

活动背景

美工小美接到运动鞋商品原图（见图5.1.2），虽然是方形图，但是尺寸、图片大小和商品主图要求不一致，需要调整图片大小并输入商品标题和促销语（见图5.1.3）。

图5.1.2

图5.1.3

活动实施

步骤1：选择菜单"文件"→"新建"，新建一个图像大小为"800像素×800像素"，分辨率为"72像素/英寸"的文件。选用文字工具输入"轻量舒适　畅快前行"。字体为黑体，字号为65，字体颜色为黑色，加粗（见图5.1.4）。

图5.1.4

步骤2：在文字下方输入"经典复古运动鞋"，字体为黑体，字号为35，不加粗（见图5.1.5）。

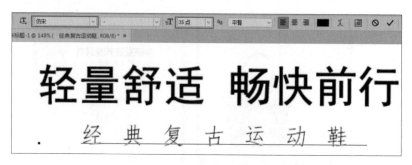

图5.1.5

活动2　使用矩形工具制作直营标识

活动背景

美工小美制作好标语后，需要根据天猫国际商品主图发布规范，制作完整的天猫国际商品直营标识。

活动实施

🖱 知识窗

矩形工具是指可以拖动鼠标在绘图区内绘制出所需要的矩形和正方形选区的工具，可以在工具箱中找到"矩形工具"，也可以使用快捷键U（见图5.1.6）。

在矩形工具的选项栏上，可以选形状、路径、像素三种类型（见图5.1.7）。在填充中可以设置为：不填充颜色，填充颜色，填充渐变颜色，填充图案4种形式（见图5.1.8）。

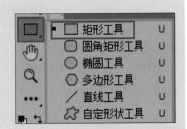

图5.1.6

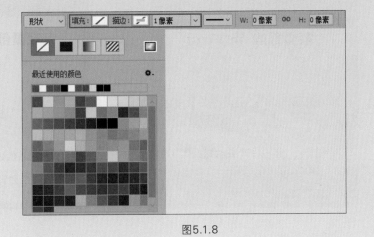

图5.1.7

图5.1.8

步骤1：打开素材"运动鞋.png"（见图5.1.1），把运动鞋图片精修后抠图，复制到标语下方，居中对齐，调整大小达到最佳视觉效果（见图5.1.9）。

步骤2：选中"矩形工具"，点击"形状"选项，填充渐变色（见图5.1.10），斜拉一个渐变（渐变颜色代码为#9d99e3 /#6f67d7/#9d99e3）（见图5.1.11）。

图5.1.9

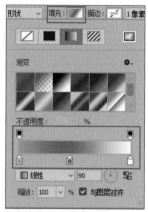

图5.1.10　　　　　　　　　　　　　　　　　图5.1.11

步骤3：把渐变图层移动到背景图层上方并调整字体和商品的整体大小（见图5.1.12）。点击"矩形工具"，在菜单栏中选择"形状"填充为白色，按住"Shift+Alt"快捷键绘制一个正方形并调整至合适的大小，再把白色方形图层放在渐变图层的上面（见图5.1.13）。

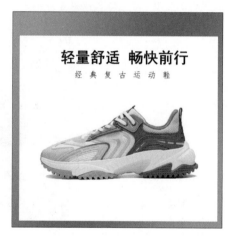

图5.1.12　　　　　　　　　　　　　　　　　图5.1.13

步骤4：使用文字工具输入"天猫国际官方直营"，字体为"Dreamofgirl"，字号为43，字体颜色为白色，在旁边使用"矩形工具"选中"形状"并填充为白色，画一个分隔线条（也可选用路径来绘制并转换成选区填充为白色），然后在分隔线条旁边使用文字工具输入"官方直采·假一赔十·30天售后无忧"，字体为黑体，字号为24，字体颜色为白色（见图5.1.14）。

天猫国际官方直营｜官方直采·假一赔十·30天售后无忧

图5.1.14

步骤5：调整整体大小以达到最佳视觉效果（见图5.1.15）。

步骤6：保存文件。选择菜单"文件"→"存储为"，保存文件名为"商品主图"，格式为"JPEG"。

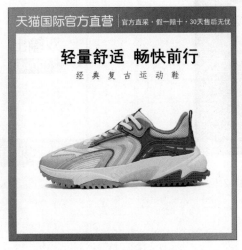

图5.1.15

任务2
制作直通车商品主图——圆角矩形与椭圆工具应用

情境设计

操作演示

直通车商品主图是为淘宝卖家量身定制的，按点击付费实现精准推广。直通车在淘宝网上出现在搜索商品结果页面的右侧（12个单品广告位、3个页面推广广告位）和商品结果页的最下端（5个广告位）。搜索页面可一页一页往后翻，展示位以此类推。展现形式：图片+文字（标题+简介）。直通车商品主图要求商品突出，展示完整，画面细节精致，色调和谐。图片大小为"800像素×800像素"，分辨率为"150像素/英寸"，格式为"PNG""JPEG"，图片小于3 MB。

酸橙视觉创意有限公司为电子产品店制作直通车商品主图，摄影师小佳把已拍摄好的商品原图（见图5.2.1）发给了网店美工小美，小美需要把商品制作成800像素×800像素、分辨率为72像素/英寸的直通车商品主图（见图5.2.2）。

图5.2.1

图5.2.2

活动1　使用圆角矩形工具与椭圆工具绘制标签

活动背景

网店美工小美接到摄影师小佳发来的商品图,需要按照直通车商品主图的规范要求,制作直通车商品主图的标签。

活动实施

▢ 知识窗

● 圆角矩形工具

在工具栏目中找到矩形工具,圆角矩形工具在矩形工具下方,鼠标长按矩形工具按钮,在弹出的菜单中就能找到"圆角矩形工具"(见图5.2.3)。

选取"圆角矩形工具"后,在上方显示的圆角矩形属性栏的"半径"中可以设置数值;数值大小决定圆角矩形角度的弧度,数值越大,弧度就越大(见图5.2.4)。

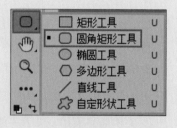

图5.2.3

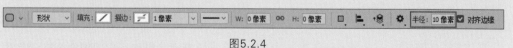

图5.2.4

● 椭圆工具

在工具栏中找到矩形工具,鼠标长按矩形工具按钮,在弹出的菜单中就能找到椭圆工具,使用方法与矩形工具相同,只需选中用光标在画布上拖动即可(见图5.2.5)。

选项菜单以圆角矩形工具为例（见图5.2.6）。

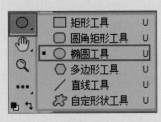

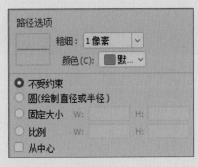

图5.2.5　　　　　　　　　　　　　　图5.2.6

不受限制：用光标可以随意拖拉出任何大小和比例的椭圆形。

圆：用光标拖拉出正圆。

固定大小：在"W："和"H："后面输入适当的数值，可固定椭圆的长轴和短轴的长度。

比例：在"W："和"H："后面输入适当的整数，可固定椭圆的长轴和短轴的比例。

从中心：光标拖拉的起点为椭圆形的中心。

步骤1：选择菜单"文件"→"新建"，新建一个图像大小为"800像素×800像素"，分辨率为"150像素/英寸"的文档。

步骤2：选中"圆角矩形工具"，选择"形状"填充为蓝紫渐变 （颜色代码为#1082fe、#f848aa），模式为线性，渐变角度为0，半径为10像素（见图5.2.7），在画布上绘制一个长方形状的渐变条并调整至画布下方（见图5.2.8）。

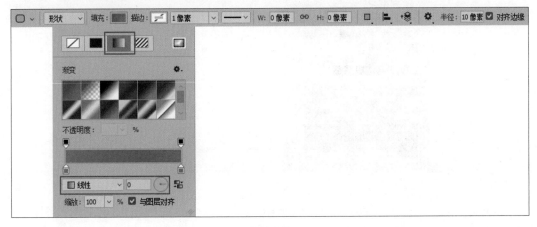

图5.2.7

图5.2.8

步骤3：选中"椭圆工具"，选择"形状"，"填充"渐变色（颜色代码为#f848aa、#6f246f）（见图5.2.9）；描边为15像素，点击弹出选框右上角的拾色器，输入描边的颜色代码（颜色代码为#9f71f5）（见图5.2.10）；描边选项为直线，按住"Shift"键绘制一个正圆（见图5.2.11）并调整好位置。

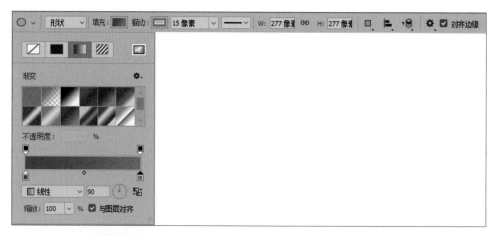

图5.2.9

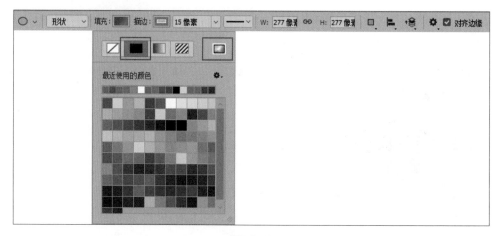

图5.2.10

步骤4：新建一个渐变图层（颜色代码为#1082fe、#f848aa），如图5.2.12所示；调整好大小，把该渐变图层放到图层的最底部；选中"圆角矩形工具"，绘制一个白色矩形，调整好大小，把这一图层放到渐变图层上（见图5.2.13）。

图5.2.11　　　　　　　　　　　　　　　图5.2.12

步骤5：选中"圆角矩形工具"，绘制一个圆角矩形框，填充为红色并调整好位置。

步骤6：打开素材"手机.png"，把商品图抠出，放入刚才制作的文档中，调整其大小、位置，以达到最佳视觉效果（见图5.2.14）。

图5.2.13　　　　　　　　　　　　　　　图5.2.14

活动2　制作文字效果

活动背景

美工小美绘制了标签，接下来要输入促销语，完成直通车商品主图。

活动实施

步骤1：在标签上输入文字"全场特惠"，字体为黑体，字号为13，不加粗；输入"限时特惠"，字体为黑体，字号为17，不加粗；输入"到手价"，字体为黑体，字号为10，不加粗；输入"￥"，字体为微软雅黑，字号为10，加粗；输入"89"，字体为微软雅黑，字号为24，不加粗，字体颜色为黄色（见图5.2.15）。

步骤2：输入文字"带屏显 双输出"，字体为黑体，字号为16，加粗（见图5.2.16），在活动1制作好的红色圆角矩形上输入文字"2000mAh"，字体为黑体，字号为12，加粗，字体颜色为白色（见图5.2.17）。

步骤3：调整整体大小、位置至最佳视觉效果（见图5.2.18）。保存文件，选择菜单"文件"→"存储为"，保存文件名为"直通车商品主图"，格式为"PNG/JPEG"。

图5.2.15

图5.2.16

图5.2.17

图5.2.18

>>>>>>>>
任务3
制作聚划算商品主图——自定形状工具应用

情境设计

淘宝聚划算是阿里巴巴集团旗下的团购网站，作为目前淘宝卖家服务的互联网消费者首选团购平台，聚划算商品标签设计是很突出的，商品图片也有它的发布规范。为了更好地提升聚划算的整体流量效率，商品基础素材图要求是透明底，图片格式为PNG的实体图，方便用于个性化素材的合成。主图LOGO统一放置在画面左上角，不得添加底色，显示大小最宽不超过180像素，最高不超过120像素。LOGO最左侧及最上侧均离产品图片左侧及上侧20像素。

酸橙视觉创意有限公司为服装店制作聚划算商品主图,摄影师小佳把已拍摄好的商品原图(见图5.3.1)发给了网店美工小美,小美需要把商品原图制作成800像素×800像素、分辨率为72像素/英寸的聚划算商品主图(见图5.3.2)。

图5.3.1

图5.3.2

活动1　使用自定形状工具绘制标签

活动背景

网店美工小美接到摄影师小佳发过来的商品图,需要按照聚划算主图规范要求,制作聚划算商品主图的标签。

活动实施

🗀 知识窗

● 自定形状工具

在工具栏目中找到矩形工具,鼠标长按矩形工具按钮,弹出的菜单中最下面的就是自定形状工具,其使用方法与矩形工具相同,只需选中用光标在画布上拖动即可(见图5.3.3)。

选择自定形状工具的菜单栏,单击"形状"中的小三角形,滑动滚动条选择需要的形状,会出现各种自定形状,点击"设置按钮",选择"全部"可追加更多自定形状(见图5.3.4)。

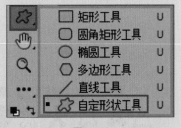

图5.3.3

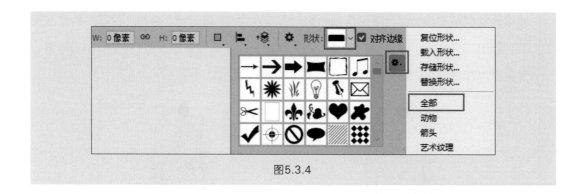

图5.3.4

步骤1：选择菜单"文件"→"新建"，新建一个图像大小为"800像素×800像素"，分辨率为"150像素/英寸"的文档。

步骤2：选中"自定形状工具"，在"填充"栏目选择粉色（颜色代码为cc7e8c），单击"形状"下拉菜单的自定义形状，选中"时间卡选项"（见图5.3.5）。

步骤3：在画布上绘制出所选形状，执行选择"调整"→"垂直翻转"至画布右上方（见图5.3.6）。

图5.3.5

图5.3.6

步骤4：选中"自定形状工具"，在"填充"栏目中选择粉色（颜色代码为cc7e8c），单击"形状"下拉菜单的自定形状，选中"方形"（见图5.3.7）。

步骤5：在画布上绘制出一个长方形，执行调整至画布右下方（见图5.3.8）。

图5.3.7

图5.3.8

步骤6：选中自定形状工具，在"填充"栏目中选择粉色（颜色代码为cc7e8c），单击"形状"下拉菜单的自定形状：圆形（见图5.3.9）。

图5.3.9

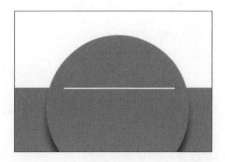

图5.3.10

步骤7：在画布上绘制出一个圆形，添加投影，再选用方形自定形状画一条直线放在圆形中间，并调整至画布右下方（见图5.3.10）。

步骤8：打开素材"衣服.png"（见图5.3.1），把商品图抠出，放入刚才制作的文档中，调整其大小、位置，以达到最佳视觉效果（见图5.3.11）。

活动2　制作文字效果

活动背景

美工小美绘制了标签，接下来要输入商品标题和促销语，完成聚划算商品主图。

图5.3.11

活动实施

步骤1：在标签上输入文字"聚划算"，字体为上海大众BB，字号为12，加粗；输入"juhuasuan.com"，字体为黑体，字号为5，不加粗（见图5.3.12）。

步骤2：输入字母"jhs"，字体为Brush Script MT，字号为12，加粗，放置图片在左上角作为LOGO（见图5.3.13）。

图5.3.12

图5.3.13

步骤3：输入文字"2件9折 3件8折"，字体为黑体，字号为15，不加粗，调整至如图5.3.14所示的位置。

步骤4：输入文字"预售价"，字体为黑体，字号为10，加粗；输入"￥299"，字体为微软雅黑，字号为17，加粗，调整至如图5.3.15所示的位置。

图5.3.14

图5.3.15

步骤5：调整整体布局，以达到最佳视觉效果（见图5.3.16）。

图5.3.16

步骤6：选择菜单"文件"→"存储为"，保存文件名为"聚划算商品主图"，格式为"PNG/JPEG"。

项目评价

评价标准	评价指标	得 分
格式规范	图片大小、分辨率、储存格式符合商品主图规范。（20分）	
构图均衡	商品主体突出，文字大小、位置排版均衡。（25分）	
配色和谐	标签设计颜色统一，搭配和谐。（25分）	
效果自然	商品主图的构图、配色、文案整体搭配视觉效果佳。（30分）	
总 分		
评价等级	优秀：90~100分；良好：75~89分；一般：60~74分；差：0~59分。	

项目测试

1.操作题

打开素材"橙子.jpg"（见题图1），制作直通车商品主图。用矩形工具和椭圆工具制作标签，最终效果如题图2所示。要求：商品突出，展示完整，画面细节精致，色调和谐。图片大小为800像素×800像素，分辨率为150像素/英寸，格式为"PNG/JPEG"，图片小于3 MB。

题图1

题图2

2.操作题

打开素材"充电宝.jpg"（见题图3），制作聚划算商品主图。用任意形状工具制作标签，最终效果如题图4所示。要求：商品突出，展示完整，画面细节精致，色调和谐。图片大小为800像素×800像素，分辨率150像素/英寸，格式为"PNG/JPEG"，图片小于3 MB。

题图3

题图4

3.操作题

打开素材"护发精油.jpg"(见题图5),制作聚划算商品主图。用任意形状工具制作标签,最终效果如题图6所示。要求:商品突出,展示完整,画面细节精致,色调和谐。图片大小为800像素×800像素,分辨率为150像素/英寸,格式为"PNG/JPEG",图片小于3 MB。

题图5

题图6

项目6
绘制网店LOGO
——钢笔与路径应用

▢ 项目综述

在日常生活中，LOGO无处不在，当我们看到某个LOGO就能联想到它是什么公司、什么产品。LOGO通过简洁的文字、抽象的图形等形象展示企业的文化与内涵，传达企业的经营理念，让消费者更快、更直观地了解企业信息。对于网店来说，LOGO就是它的形象标志，让顾客对店铺和产品有更深刻的印象。网店的LOGO一般出现在店铺的店招、海报、产品图和产品包装袋上，对店铺起到宣传效果。在淘宝网中搜索店铺，就能看到相关店铺的店名和LOGO。本项目的主要任务是运用钢笔工具和路径制作出符合店铺装修风格和店铺经营理念的LOGO。

▢ 项目目标

知识目标

◇认识路径。

◇认识路径面板。

能力目标

◇学会修改路径的方法。

◇学会使用自定形状工具绘制路径。

◇学会使用路径面板。

◇学会使用钢笔工具绘制路径。

◇学会路径文字的应用。

◇学会使用钢笔工具抠图。

◇学会制作网店的LOGO。

素质目标

◇培养耐心细致的工作态度。

◇培养良好的审美观和艺术欣赏能力。

◇培养学生创新创业的开拓精神，树立为国家经济发展做贡献的社会
责任价值观。

◇树立电子商务专业就业和创业自信心。

☐ 项目思维导图

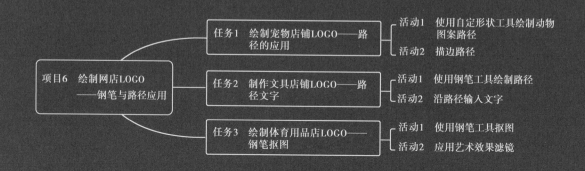

任务1

绘制宠物店铺LOGO——路径的应用

操作演示

情境设计

店铺LOGO是店铺形象和品牌文化的体现,一个好的LOGO设计不仅有利于建立良好的品牌形象,而且能够得到消费者的认可,形成良好的品牌效应。LOGO的设计力求做到简单、美观、易记、易传播等,既要考虑在网络上的显示效果,也要考虑在传统媒体上使用时的视觉效果(见图6.1.1)。目前常用的LOGO规格尺寸有4种:88像素×31像素,120像素×60像素,120像素×90像素,200像素×70像素,图片存储格式为PNG。

图6.1.1

酸橙视觉创意有限公司为宠物店铺制作店铺LOGO，美工小美负责LOGO的设计，她创建了尺寸为120像素×60像素，分辨率为72像素/英寸的文档，以动物形象作为主要元素设计店铺LOGO（见图6.1.2）。

图6.1.2

活动1　使用自定形状工具绘制动物图案路径

活动背景

美工小美在了解到这是一个宠物店LOGO后，经过深入分析和研究，决定使用动物图案作为形象设计，再结合店铺的名字来设计宠物店的LOGO。LOGO尺寸大小为120像素×60像素。

活动实施

🖿 知识窗

● 自定形状工具

自定形状工具可以绘制出系统预置的各种形状（见图6.1.3）。

选择工具模式：有形状、路径和像素三种不同的模式（见图6.1.4）。

● 路径面板

路径面板可以显示当前正在编辑的工作路径和已经保存的路径，面板下方有快捷按钮（见图6.1.5）。

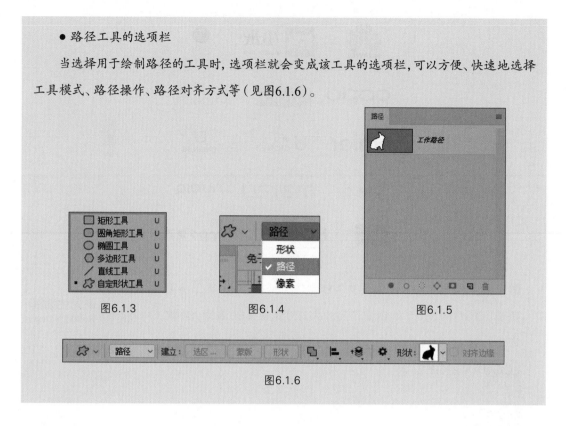

●路径工具的选项栏

当选择用于绘制路径的工具时,选项栏就会变成该工具的选项栏,可以方便、快速地选择工具模式、路径操作、路径对齐方式等(见图6.1.6)。

步骤1:选择菜单"文件"→"新建",输入文档名称"宠物店LOGO",宽为"120像素",高为"60像素",分辨率为"72像素/英寸"。

步骤2:选择自定形状工具。选择工具模式为"路径",在预置形状中选择"兔"(见图6.1.7),在编辑区中绘制兔子形状(见图6.1.8)。

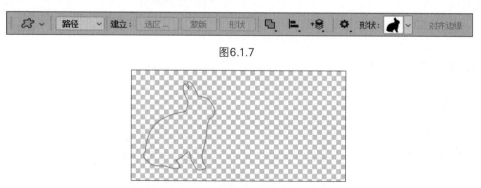

图6.1.7

图6.1.8

步骤3:设置前景色(#ffadad),新建空白图层。

步骤4:选择路径面板,选择"兔子"路径,单击"用前景色填充路径"按钮(见图6.1.9),完成填充。

步骤5: 输入文字, 设置合适的文字大小和颜色(见图6.1.10)。

图6.1.9

图6.1.10

活动2　描边路径

活动背景

小美完成初稿设计后, 发现兔子图案的配色过于单一, 为了增加图案的层次、丰富作品的效果, 小美决定给兔子图案加上描边效果。

活动实施

🔲 **知识窗**

利用路径可以快速、方便地对图形进行描边处理(见图6.1.11)。

描边路径可以选择Photoshop自带的各种工具, 如画笔、橡皮擦等(见图6.1.12)。

在描边路径时, 均选模拟压力可以得到线段两头细、中间粗的线条, 模拟手工绘线的效果(见图6.1.13)。

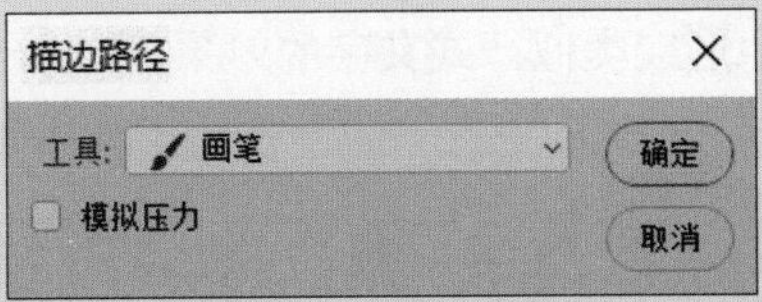

描边路径	×
工具: ✏ 画笔 ▼	确定
☐ 模拟压力	取消

图6.1.11

✏ 画笔 ▼
✏ 铅笔
✓ ✏ 画笔

图6.1.12

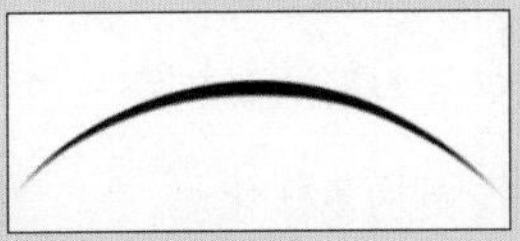

图6.1.13

步骤1: 打开路径面板, 选择"兔子"路径(见图6.1.14)。

步骤2: 在工具箱中选择"画笔工具", 调整合适的画笔大小以及硬度。

步骤3: 在拾色器中设置前景色(#c15959)。

步骤4: 在路径面板中单击"用画笔描边路径"按钮, 完成路径描边(见图6.1.15)。

步骤5：保存文件，选择菜单"文件"→"存储为"，保存文件名为"宠物店LOGO"，格式为"PNG"（见图6.1.16）。

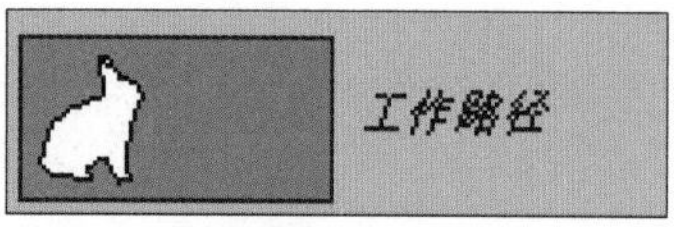

图6.1.14

图6.1.15

图6.1.16

任务2
制作文具店铺LOGO——路径文字

情境设计

操作演示

在淘宝网上我们经常看到主图、海报、详情页等图片中各式各样的文字效果，其文字排版五花八门、琳琅满目。除了常规的横排文字、竖排文字、变体文字外，还有其他方式的文字排版。

路径文字，可以让文字依照路径来排列，在开放路径中形成类似行式文字的效果，在闭合路径中形成类似框式文字的效果，让文字的排版更加多样化。

酸橙视觉创意有限公司为一家文具店设计店铺LOGO。美工小美需要按照客户的要求完成店铺LOGO的需求分析与设计（见图6.2.1）。

图6.2.1

活动1 使用钢笔工具绘制路径

活动背景

美工小美用文具店店铺名字的拼音首字母和书本的形象设计了一个LOGO图案,使用路径文字来美化图案的效果。

活动实施

📑 知识窗

　　钢笔工具是用来绘制路径的工具。使用钢笔工具可以绘制出具有高精度的图像(见图6.2.2)。

　　模式有形状、路径和像素三种不同的模式(见图6.2.3)。

　　钢笔属性栏:显示钢笔工具的选项,用于设置钢笔工具的工作模式、路径操作等(见图6.2.4)。

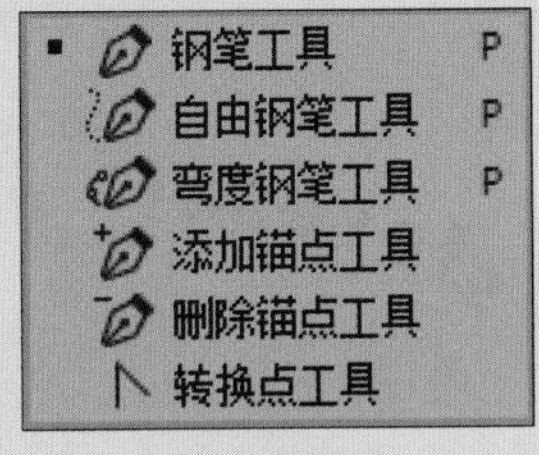

图6.2.2

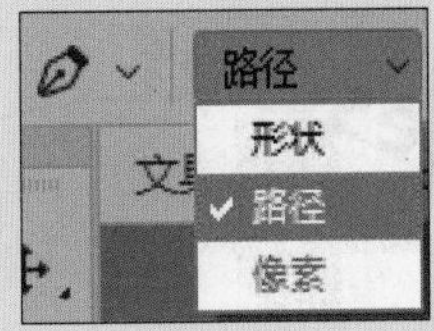

图6.2.3

图6.2.4

　　步骤1:选择菜单"文件"→"新建",输入文档名称"文具店LOGO",宽为"200像素",高为"70像素",分辨率为"72像素/英寸"。

　　步骤2:打开素材"文具店图案",将素材导入"文具店LOGO"文件中(见图6.2.5)。

　　步骤3:选择钢笔工具。选择工具模式为"路径",在图案素材中绘制出弧形路径(见图6.2.6)。

图6.2.5

图6.2.6

活动2 沿路径输入文字

活动背景

美工小美绘制好路径后,在路径上输入文字,完成路径文字效果的设计,最后完成整个"文具店LOGO"的制作。

活动实施

🗒 知识窗

（1）路径文字

选择文字工具,将光标移至路径上,用鼠标左键点击路径的边即可输入文字（见图6.2.7）。

（2）路径文字的位置

输入文字后,可以更改文字在路径的位置。方法:使用路径选择工具（黑箭头）,移至文字的起点（见图6.2.8）,点击鼠标左键并拖动文字来调整文字在路径上的位置。同样,路径选择工具移至文字的终点（见图6.2.8）,点击鼠标左键并拖动文字的终点来调整文字显示的长度。

图6.2.7

图6.2.8

（3）路径文字的类型

路径文字有两种类型,分别是行式文字效果和框式文字效果。在开放路径中形成类似行式文字的效果（见图6.2.9）,在闭合路径中形成类似框式文字的效果（见图6.2.10）。

图6.2.9

图6.2.10

步骤1:选择"横排文字工具",在绘制的路径边缘上点击,输入"XI'WANG",调整其大小、颜色和位置（见图6.2.11）。

图6.2.11　　　　　　　　　　　　　　　　图6.2.12

步骤2：输入店铺名"希望文具"，调整文字的字体为微软雅黑，颜色为黄色（255,255,0），描边效果（#4d6600）（见图6.2.12），并在文字的下方制作装饰线条，丰富LOGO文字的效果（见图6.2.13）。

步骤3：保存文件，选择菜单"文件"→"存储为"，保存文件名为"文具店LOGO"，格式为"PNG"（见图6.2.14）。

图6.2.13　　　　　　　　　　　　　　　　图6.2.14

任务3
绘制体育用品店LOGO——钢笔抠图

操作演示

情境设计

商品抠图的方法有很多，套索工具、快速工具、魔棒工具、钢笔工具、通道、颜色范围等都可以用于商品抠图。然而根据商品材质属性的不同，抠图又分为非透明类商品抠图（见图6.3.1）、透明类商品抠图（见图6.3.2）以及毛发类商品抠图（见图6.3.3），所以一个合格的网店美工应该熟练掌握各种抠图方法，"因图而异"合理地选择抠图工具和方法，才能达到事半功倍的效果。

图6.3.1

图6.3.2

图6.3.3

图6.3.4

酸橙视觉创意有限公司为体育用品店设计店铺LOGO。美工小美需要根据客户需求完成需求分析，并为体育用品店设计店铺LOGO（见图6.3.4）。

活动1　使用钢笔工具抠图

活动背景

美工小美选择棒球手图片作为LOGO素材，需要对棒球手做一些艺术处理。图片中棒球手人物轮廓清晰，于是小美使用钢笔工具对图片进行抠图，既精准又美观，且效果好。

活动实施

🗔 知识窗

● 添加锚点工具：可以在路径上添加控制点。

● 删除锚点工具：可以删除路径上的控制点。

● 转换点工具：可以将锚点在平滑点和角点之间转换。

步骤1：打开素材"棒球手.jpg"，使用工具箱中的钢笔工具（见图6.3.5），沿着棒球手的边缘绘制路径，直至完全选择棒球手（见图6.3.6）。

图6.3.6

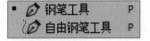

图6.3.5

步骤2：使用转换点工具调整路径（见图6.3.7），使路径完全跟棒球手边缘一致，得到精准的路径（见图6.3.8）。

图6.3.7

图6.3.8

步骤3：把路径转换成选区，将棒球手复制到新图层中。

活动2 应用艺术效果滤镜

活动背景

美工小美对棒球手完成抠图后，接着要对棒球手图层应用艺术效果滤镜，让棒球手形象更加富有设计感，让店铺LOGO更显时尚。

活动实施

知识窗

（1）艺术效果滤镜

艺术效果滤镜是一组特殊效果的滤镜，它能模拟天然的或者传统的艺术效果（见图6.3.9）。

（2）木刻滤镜

木刻滤镜是艺术效果滤镜组里的滤镜，它让图像看起来像是用彩色纸片拼贴的一样（见图6.3.10）。

● 色阶数：控制当前图像色阶的数量级。

● 边缘简化度：简化当前图像的边界。

● 边缘逼真度：控制当前图像边缘的细节。

图6.3.9   图6.3.10

步骤1：选择棒球手图层，选择菜单"滤镜"→"滤镜库"→"艺术滤镜"→"木刻"。

步骤2：设置"木刻"滤镜的参数（见图6.3.11），为棒球手图像设置木刻艺术效果图（见图6.3.12）。

图6.3.11   图6.3.12

步骤3：复制棒球手图层，打开素材"棒球.png"（见图6.3.13），粘贴图层，得到图层1。

步骤4：调整图层1棒球手的大小和位置，将棒球手"放入"棒球中，使用选框工具和橡皮擦工具删除多余图像，制作出棒球手出框效果（见图6.3.14）。

图6.3.13

图6.3.14

步骤5：为棒球手设置阴影效果（见图6.3.15）。

步骤6：输入店铺文字"希望体育"，栅格化文字图层，并调整文字的显示效果（见图6.3.16）。

图6.3.15

图6.3.16

步骤7：保存文件，选择菜单"文件"→"存储为"，保存文件名为"体育用品店LOGO"，格式为"PNG"。

项目评价

评价标准	评价指标	得 分
技术性	熟练掌握钢笔工具的使用，包括绘制路径、修改路径、精准控制路径等。（30分）	
应用性	掌握路径的应用，包括抠图、路径文字、设计LOGO、图案等。（30分）	
综合性	综合运用各类路径工具，完成制作，效果好。（40分）	
总 分		
评价等级	优秀：90~100分；良好：75~89分；一般：60~74分；差：0~59分。	

项目测试

1.操作题

打开素材"卡通.jpg"，使用钢笔工具把白色背景的皮卡丘（见题图1）抠图，制作成透明图（见题图2）。提示：透明图大小为"800像素×800像素"，分辨率为"72像素/英寸"，透明背景，格式为"PNG"。

题图1　　　　　　　　　　　　　题图2

2.操作题

设计LOGO图案：综合运用钢笔工具、路径文字等完成图案的设计（见题图3），图形设计可参考题图4—题图6。要求：图像大小为"800像素×800像素"，分辨率为"72像素/英寸"，白色背景，格式为"PNG"。

题图3　　　　　　　　　　　　　题图4

题图5　　　　　　　　　　　　　题图6

3.操作题

设计卡通鲨鱼图案：运用钢笔工具绘制卡通鲨鱼的路径，设计鲨鱼卡通图（见题图7）。鲨鱼的各部分路径绘制方法，可参考题图8（轮廓）、题图9（鲨鱼肚）、题图10（鱼鳍）、题图11（上齿）、题图12（下齿），并完成各部分颜色的填充。要求：图像大小为"800像素×500像素"，分辨率为"72像素/英寸"，背景为"白色"，格式为"PNG"。

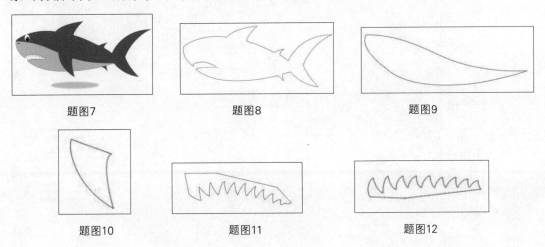

题图7　　　　　　　　　　　题图8　　　　　　　　　　　题图9

题图10　　　　　　　　　　题图11　　　　　　　　　　题图12

4.操作题

制作路径文字效果：运用自定形状工具绘制心形路径，输入文字，制作路径文字效果（见题图13）。要求：图像大小为"500像素×500像素"，分辨率为"72像素/英寸"，背景为"白色"，格式为"JPEG"。

题图13

项目 7
制作网店店招
——图层、蒙版与通道应用

▣ 项目综述

　　店招，是一个店铺的招牌。网店店招是展示在店铺首页的最上方长条形的区域。店招是店铺给顾客的第一印象，好的店招不仅能吸引顾客的眼球，带来订单，同时也能起到品牌宣传的作用。本项目的主要任务是学习图层样式、蒙版及通道的知识，运用图层、蒙版与通道，制作出不同产品类型的网店店招。

▣ 项目目标

知识目标

◇知道淘宝店招的尺寸及要求。

◇了解图层样式的操作方法。

◇知道什么是图层蒙版、剪切蒙版。

◇知道什么是通道。

能力目标

◇学会图层样式的应用。

◇学会图层蒙版、剪切蒙版的应用。

◇学会通道的应用。

素质目标

◇培养耐心细致的工作态度。

◇培养良好的审美观和艺术欣赏能力。

◇激发学生对网店美工岗位的兴趣。

◇树立电子商务专业就业和创业自信心。

□ 项目思维导图

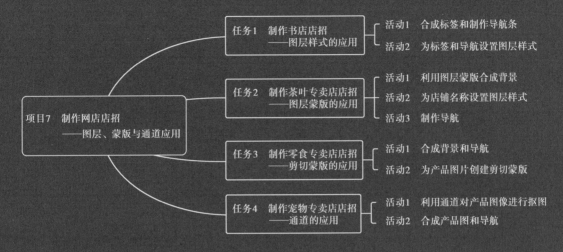

>>>>>>> **任务1**
制作书店店招——图层样式的应用

情境设计

在淘宝店招中，一般会添加店铺LOGO和店铺名称，加深顾客对商品的第一印象，同时可添加收藏标签，方便顾客下次访问店铺。淘宝店招的标准尺寸大小为950像素×150像素（包含导航条），如图7.1.1所示。

图7.1.1

酸橙视觉创意有限公司为学海无涯图书专卖店进行淘宝店铺装修，需要为书店制作店招。美工小美负责这次店招的设计。考虑到店招制作简洁明了，可以较快地被买家识别，所以小美决定在店招中只放入店铺LOGO和店铺名称，加上简洁的促销标签和收藏标签。尺寸大小为950像素×150像素（包含导航条的高度为30像素），图片存储格式为JPEG/PNG。

活动1　合成标签和制作导航条

活动背景

小美在制作店招之前，已经完成了店标LOGO和收藏标签的制作，确定了导航条的相关信息，同时结合"618"年中大促，制作好相应的促销标签（见图7.1.2）。

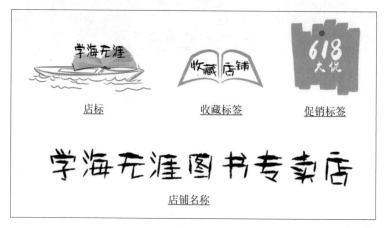

图7.1.2

活动实施

⊞ 知识窗

图层就像是透明纸张，首先在透明纸张中画上文字或图形等元素，然后一张张按顺序移动和叠加起来，形成图像的最终效果。在图层面板（见图7.1.3），通过新建图层、复制和删除图层、移动图层、合并图层等对图层进行编辑和叠加，可以使图像合成一个整体。

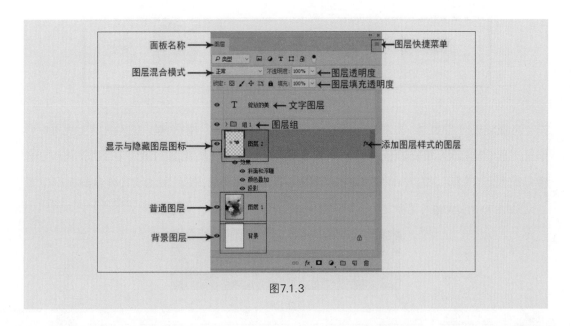

图7.1.3

步骤1: 新建一个宽度为"950像素"、高度为"150像素"的图像文件, 分辨率为"72像素/英寸", 标题为"书店店招"。

步骤2: 选择菜单"视图"→"新建参考线", 新建水平位置120像素的参考线 (见图7.1.4), 留30像素高度制作导航条 (见图7.1.5)。

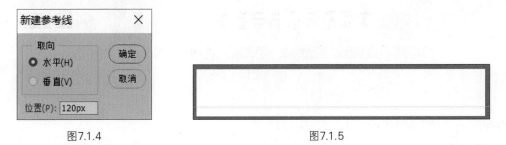

图7.1.4　　　　　　　　　　　　　　　　　图7.1.5

步骤3: 置入"书店LOGO.png", 通过自由变换 (快捷键Ctrl+T) 调整大小, 并移动到合适的位置上 (见图7.1.6)。

图7.1.6

步骤4: 依次置入"店铺名称.png""促销标签.png""收藏标签.png", 通过自由变换 (快捷键Ctrl+T) 调整大小, 并移动到合适的位置 (见图7.1.7)。

图7.1.7

步骤5：制作导航条。在图层面板底部单击"创建新图层"按钮 ![icon]，在新图层上使用矩形选框工具绘制矩形，填充颜色（#f5a605），制作出一个导航框（见图7.1.8）。在图层面板中，选中导航框所在图层，按"Ctrl+J"快捷键复制6个导航框图层，使用移动工具调整导航框位置（见图7.1.9），依次输入菜单文字（见图7.1.10）。

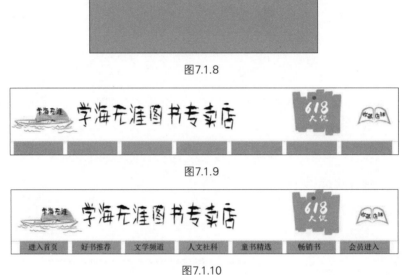

图7.1.8

图7.1.9

图7.1.10

活动2　为标签和导航设置图层样式

活动背景

在完成LOGO、标签和导航的合成后，美工小美发现标签和导航有点单一，于是对这些图层分别进行图层样式的设置。

活动实施

🗐 知识窗

在Photoshop中，通过对图层应用图层样式，能制作出各种立体投影、各种质感以及光影效果等丰富的图像效果，比如投影、阴影、发光、浮雕等效果。Photoshop提供了10种图层样式效果，全部列举在"图层样式"对话框的"样式"栏中（见图7.1.11）。

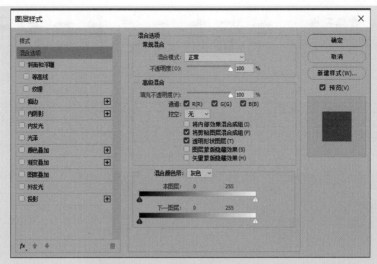

图7.1.11

打开图层样式的三种方法如下：

方法一：选择菜单"图层"→"图层样式"，打开任一种图像样式命令，即可打开"图层样式"对话框。

方法二：在图层面板底部单击"添加图层样式"按钮 fx ，在打开的列表中选择任一种需要的样式选项，即可打开"图层样式"对话框。

方法三：双击要添加图层样式的图层，即可打开"图层样式"对话框。

步骤1：在图层面板中，双击店名所在的图层，打开"图层样式"对话框，为图层添加"颜色叠加"样式，颜色叠加（#f5a605）（如图7.1.12）。颜色叠加完成效果如图7.1.13所示。

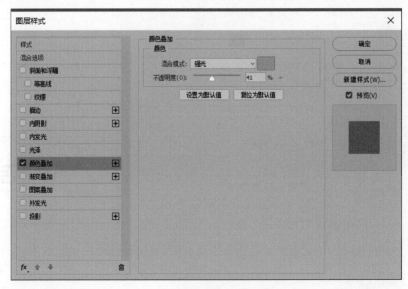

图7.1.12

图7.1.13

步骤2：在图层面板中，双击促销标签所在的图层，为该图层添加"斜面和浮雕"样式，如图7.1.14、图7.1.15所示。

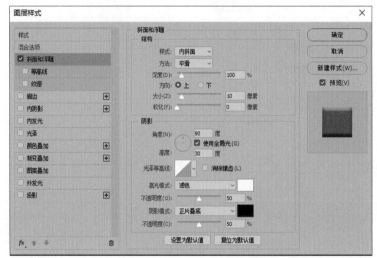

图7.1.14　　　　　　　　　　　　　　　　　　　　　图7.1.15

步骤3：在图层面板中，双击收藏标签所在的图层，为该图层添加"投影"样式，如图7.1.16、图7.1.17所示。

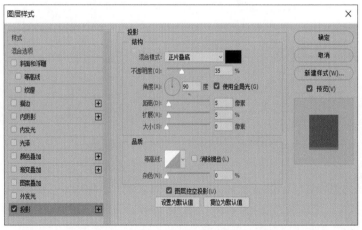

图7.1.16　　　　　　　　　　　　　　　　　　　　　图7.1.17

步骤4：在图层面板中，双击第一个导航栏矩形框所在的图层，为矩形框添加"纹理"样式（见图7.1.18）。

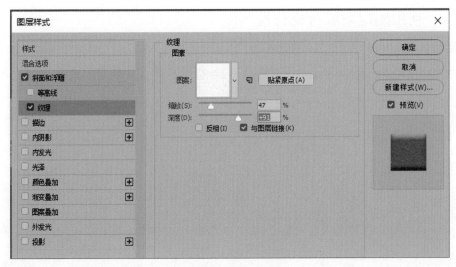

图7.1.18

步骤5：选中纹理矩形图层，单击鼠标右键"拷贝图层样式"，依次选中其他导航栏矩形框图层，单击鼠标右键，选择"粘贴图层样式"。

步骤6：保存文件。选择菜单"文件"→"存储为"，保存文件名为"书店店招"，格式为"JPEG"（见图7.1.19）。

图7.1.19

任务2
制作茶叶专卖店店招——图层蒙版的应用

操作演示

情境设计

壹茗单丛茶是茶乡里一家自产自销的茶叶专卖店，为了拓展销售渠道，店主准备在线上开一家淘宝专卖店铺，酸橙视觉创意有限公司为该茶叶网店进行装修。首先，美工小美要制作店招，考虑到家乡茶山的景色很美，小美计划用茶山美景、茶叶冲泡等图片来合成店招的背景。

活动1　利用图层蒙版合成背景

活动背景

小美拍摄了多张图片后，经过认真筛选，最终选定了3张图片作为素材图，并计划利用图层蒙版对这些图片进行合成。

活动实施

团 **知识窗**

（1）蒙版

Photoshop提供了4种类型的蒙版，它们分别是：矢量蒙版、图层蒙版、剪切蒙版和快速蒙版。

● 矢量蒙版：通过路径和矢量形状来控制图像的显示区域。

● 图层蒙版：通过蒙版中的黑灰白信息控制图像的显示区域，经常用于图像的合成。

● 剪切蒙版：通过一个对象的形状来控制其他图层的显示范围。

● 快速蒙版：对编辑的图像暂时产生蒙版效果，经常用于创建选区。

（2）图层蒙版

图层蒙版是指在当前图层上面覆盖一层遮罩，用各种绘图工具在蒙版上（即遮罩上）涂色（只能涂黑、灰、白色）。涂黑色之处蒙版变为完全透明的，看不到当前图层的图像，直接看到下一图层的图像。涂白色之处则使涂色部分变为不透明的，可直接看到当前图层上的图像。涂灰色之处使蒙版变为半透明，透明的程度由灰度决定。

添加图层蒙版的两种方法：

方法一：选中要添加图层蒙版的图层，选择菜单"图层"→"图层蒙版"→"显示全部"/"隐藏全部"，即可为图层添加白色/黑色的图层蒙版。

方法二：在图层面板底部单击"添加图层蒙版"按钮 ▣ ，即可为图层添加"显示全部"的图层蒙版。

为图像添加图层蒙版后，将前景色设置为黑色，使用画笔工具在图像上进行涂抹，即可为涂抹区域创建图层蒙版（见图7.2.1）。

图7.2.1

步骤1：新建一个宽度为"950像素"、高度为"150像素"的图片文件，分辨率为"72像素/英寸"，标题为"茶叶店店招"。

步骤2：打开素材"云海.jpg""山.jpg"，依次拖入"茶叶店店招"文件中，并调整好位置。在图层面板中，选中山所在图层，点击下方的"添加图层蒙版"按钮 ▢（见图7.2.2）。

图7.2.2

步骤3：设置当前前景色为黑色，选择"画笔工具"，选择"柔边圆画笔"，在蒙版中涂抹，将四周涂抹为黑色，这时图层2"茶山"四周的图像看不见了，呈现出图层1"云海"的图像。调整画笔的不透明度，继续涂抹其他区域（见图7.2.3）。

图7.2.3

步骤4：打开素材"茶杯.jpg"并拖入"茶叶店店招"文件中，调整好位置（见图7.2.4）。

图7.2.4

步骤5：在图层面板中，选中茶杯所在图层，添加图层蒙版。设置当前前景色为黑色，选择"画笔工具"，选择"柔边圆画笔"，在蒙版中涂抹，将四周涂抹为黑色。完成店招背景的合成（见图7.2.5）。

图7.2.5

活动2　为店铺名称设置图层样式

活动背景

通过图层蒙版对3张图片合成背景后，小美将加入店铺名称，并对店铺名称设置图层样式。

活动实施

步骤1：将素材"茶叶店铺名称.png"拖入"茶叶店店招"文件中，应用自由变换（快捷键Ctrl+T）缩放到合适的大小，并调整好位置（见图7.2.6）。

图7.2.6

步骤2：在图层面板中，双击店铺名称所在的图层，打开"图层样式"对话框，为店铺名称添加"外放光"的样式（见图7.2.7）。最后将素材"茶叶收藏标签.png"置入图像中（见图7.2.8）。

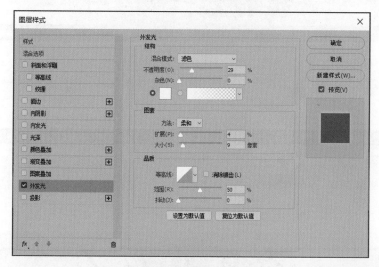

图7.2.7

图7.2.8

活动3　制作导航

活动背景

在合成的背景中加入店铺名称和收藏标签后，茶叶专卖店的店招基本完成，和店主进一步沟通了解茶叶店的商品种类后，小美接下来将完成店招的最后一部分——导航的制作。

活动实施

步骤1：新建图层，绘制大小为"950像素×30像素"的矩形选框，填充墨绿色（#47683d），拖放到下方导航的位置（见图7.2.9）。在矩形框中依次输入导航条的文字信息，字体选择黑体，白色背景，字号为14（见图7.2.10）。

图7.2.9

图7.2.10

步骤2：使用"直线工具"，设置前景色为白色，在导航信息之间依次绘制白色的竖线（见图7.2.11）。

图7.2.11

步骤3：保存文件。选择菜单"文件"→"存储为"，保存文件名为"茶叶店店招"，格式为"JPEG"（见图7.2.12）。

图7.2.12

任务3
制作零食专卖店店招——剪切蒙版的应用

操作演示

情境设计

甜果时光铺子是一家经营水果干的淘宝店铺，主要销售各类水果干休闲食品，以"健康和休闲"为主题，酸橙视觉创意有限公司美工小美准备给该零食店铺制作店招。考虑到在店招中添加店铺主打产品或新品，可以让买家第一时间了解到商品信息，小美决定利用剪切蒙版将产品添加到店招中。

活动1　合成背景和导航

活动背景

在前期准备工作中，小美已经根据店铺的主题，完成了店招背景的设计，同时制作好店铺名称和导航。要将店铺名称、导航条和背景进行合成。

活动实施

步骤1：新建一个宽度为"950像素"、高度为"150像素"的图像文件，分辨率为"72像素/英寸"，标题为"零食店店招"。

步骤2：依次把"背景.jpg""店铺名称.png""导航条.psd"置入"零食店店招"文件中，调整大小和位置（见图7.3.1）。

图7.3.1

活动2　为产品图片创建剪切蒙版

活动背景

在店招中添加完店铺名称和导航条后，小美准备将店铺的主打产品"葡萄干"添加到店招中，让买家可以在第一时间了解到产品信息。

活动实施

🗐 知识窗

剪切蒙版主要由基层图层（下层图层）和内容图层（上层图层）组成，由处于下层图层的形状来限制上层图层的显示状态，达到一种剪贴画的效果。

创建剪切蒙版的方法如下：

方法一：将需要创建剪切蒙版的内容图层移动到形状图层的上方，选择内容图层，选择菜单"图层"→"创建剪切蒙版"，即可为该图层和下方图层创建一个剪切蒙版。

方法二：将需要创建剪切蒙版的内容图层移动到形状图层的上方，将鼠标移动到两个图层之间，按住"Alt"键，鼠标图标变成 时，单击鼠标左键，即可为该图层和下方图层创建一个剪切蒙版。

在创建了剪切蒙版后，上方图层缩略图缩进，并且带有一个向下的箭头（见图7.3.2）。若需要取消剪切蒙版，可选择菜单"图层"→"释放剪切蒙版"，或将鼠标移动到两个图层之间，按住"Alt"键，当鼠标图标变成 时，单击鼠标左键，这时后退的图层缩略图又回到原来的位置，剪切蒙版也就被取消了。

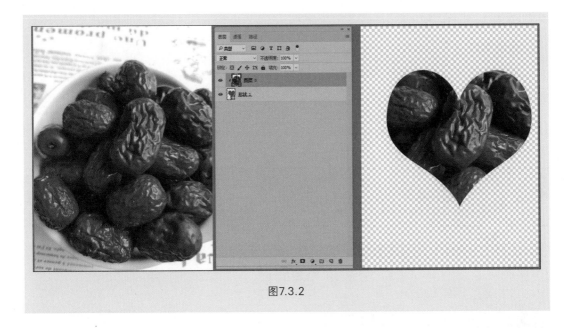

图7.3.2

步骤1: 在"零食店店招"文件中, 新建图层, 使用椭圆选框工具, 画一个椭圆选区, 选择菜单"选择"→"修改"→"羽化", 输入"5像素", 对选区填充黑色(见图7.3.3)。

图7.3.3

步骤2: 打开素材"产品图.jpg", 将产品图拖入"零食店店招"文件中, 缩放后放到合适的位置(见图7.3.4)。

图7.3.4

步骤3: 将"产品图"图层拖到"椭圆形状"图层上方, 将鼠标移动到这两个图层之间, 按住"Alt"键, 当鼠标图标变成 时, 单击鼠标左键, 将为"产品图"图层和"椭圆形状"图层创建剪切蒙版(见图7.3.5)。

图7.3.5

步骤4：保存文件。选择菜单"文件"→"存储为"，保存文件名为"零食店店招"，格式为"JPEG"（见图7.3.6）。

图7.3.6

任务4
制作宠物专卖店店招——通道的应用

情境设计

酸橙视觉创意有限公司要为"喵喵宠物专卖店"制作店招。摄影师小佳拍摄了猫咪的图片，美工小美把萌萌的宠物猫咪添加到店招上，以求第一时间吸引喜欢养宠物的买家。小美首先需要对猫咪图片进行抠图。

活动1　利用通道对产品图像进行抠图

活动背景

小美发现，使用普通的抠图方法很难将猫咪的毛发边缘清晰地抠取出来，于是她想利用通道来抠图。

活动实施

🗔 知识窗

（1）通道

通道用于存放颜色和选区信息。通道是灰度图像，也就是黑白图像，它是由黑色、白色和各种明度的灰色组成的。通道的颜色与选区有直接关系，黑色的区域表示没有选择，白色的区域表示选择，灰色的区域由灰度的深浅来决定选择的程度，因此，通道的应用实质上是对选区的应用。通过对各通道的颜色、明暗度、对比度等进行调整，会产生各种不同的图像效果。

通道分为颜色通道、Alpha通道、专色通道3种。在Photoshop中打开或新建一个图像文件后，颜色通道会直接在"通道"面板中默认创建，而Alpha通道、专色通道需要手动创建。

（2）颜色通道

图像的颜色模式不同，包含的颜色通道有所不同，比如：

RGB图像的颜色通道包括红、绿、蓝3个颜色通道，用于保存图像中相应的颜色信息（见图7.4.1）。

CMYK图像的颜色通道包括青色、洋红、黄色、黑色4个颜色通道，用于保存图像中相应的颜色信息（见图7.4.2）。

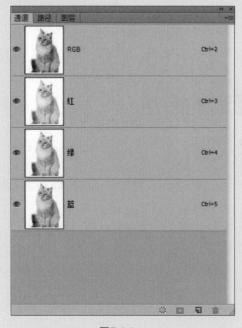
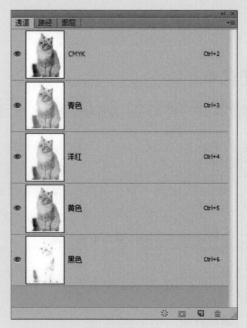

图7.4.1   图7.4.2

Lab图像的颜色通道包括亮度(L)、色彩(a)、色彩(b)3个颜色通道。色彩(a)通道包括的颜色是从深绿色到灰色再到亮粉红色,色彩(b)通道包括的颜色从亮蓝色到灰色再到黄色(见图7.4.3)。

灰色图像的颜色通道只有一个颜色通道,用于保存黑、白中的一系列从黑到白的过渡色信息(见图7.4.4)。

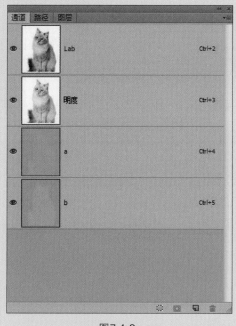

图7.4.3　　　　　　　　　　　　　　　　　图7.4.4

(3)通道抠图

通道的应用实质上是对选区的应用,通道中黑色区域不被选择,白色区域被选择,而灰色区域根据灰度深浅来决定选择的范围,因此可以利用通道对选区的存放来进行抠图。通道抠图是通道最常见的一种应用。

步骤1: 打开素材"猫咪.jpg",按住快捷键"Ctrl+J"复制猫咪图层到图层1。

步骤2: 打开"通道"面板,分别选中红通道(见图7.4.5)、黄通道(见图7.4.6)、蓝通道(见图7.4.7),观察这几个通道的图像,选择黑白关系最分明、反差最强烈的通道图像。观察发现,蓝通道的图像,黑白关系最分明。

图7.4.5

图7.4.6

图7.4.7

步骤3：选中蓝通道，单击鼠标右键，在弹出的快捷菜单中选择"复制通道"。

步骤4：按住快捷键"Ctrl+L"，调出"色阶"对话框，移动三个滑块，直至调到主体与背景有足够的反差，并且细节损失很小的状况，主要是边缘的毛发部分，要保留得比较清晰（见图7.4.8）。

图7.4.8

步骤5：将前景色设置为黑色，利用画笔工具，将猫咪身体的灰色部分涂抹为黑色，注意不要涂抹到边缘毛发部分（见图7.4.9）。

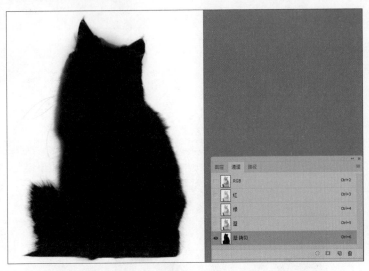

图7.4.9

步骤6：继续选中"蓝拷贝"通道，点击"通道"面板下方的"将通道作为选区载入"按钮（见图7.4.10）。

步骤7：选择菜单"选择"→"反选"，得出猫咪区域。选择RGB通道，回到图层面板上。

步骤8：选择菜单"选择"→"选择并遮住"，调整"平滑"参数，输出"新建图层"（见图 7.4.11）。

步骤9：隐藏背景图层和图层1，将抠选出来的猫咪图像存储为"猫咪.png"。

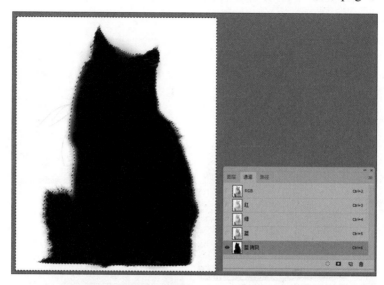

图7.4.10

图7.4.11

活动2　合成产品图和导航

活动背景

小美通过通道抠图，将"猫咪"成功抠选出来后，接下来需要将抠好的"猫咪.png"和准备好的店铺名称、导航、素材、背景等进行合成，完成宠物店店招的制作。

活动实施

步骤1：新建一个宽度为"950像素"，高度为"150像素"的图片文件，分辨率为"72像素/英寸"，标题为"宠物店店招"。

步骤2：依次把"宠物店招背景.jpg""猫咪背景.png""猫咪.png""宠物店名.png""导航条.psd"置入"宠物店店招"中，缩放并调整到合适的大小（见图7.4.12）。

图7.4.12

步骤3：保存文件，选择菜单"文件"→"存储为"，保存文件名为"书店店招"，格式为"JPEG"。

项目评价

评价标准	评价指标	得　分
格式规范	符合基本格式规范，包括店招的大小、分辨率、导航高度、背景、格式等。（20分）	
构图合理	店标、店铺名称、促销信息、标签、导航等构图合理，能突出店铺产品信息，各类信息展示清晰。（40分）	
效果自然	图层样式使用合理，蒙版使用过渡自然，标签、产品、背景等合成后自然、无抠图痕迹。（40分）	
总　分		
评价等级	优秀：90~100分；良好：75~89分；一般：60~74分；差：0~59分。	

项目测试

1. 操作题

新建文档, 输入文字, 应用图层样式制作玻璃字 (见题图1)。提示: 分别给字体图层添加斜面与浮雕、内阴影、内发光、光泽、外发光、投影等图层样式。

题图1

2. 操作题

打开素材 "花.jpg" (见题图2), 使用剪切蒙版制作艺术字效果 (见题图3)。提示: 新建文档, 输入文字 "邂逅春天", 拖入 "花.jpg", 并将图层放于文字图层上方, 对 "花" 图层使用剪切蒙版。

题图2

题图3

3. 操作题

打开素材 "人物.jpg" (见题图4), 利用通道抠图把人物图像抠选出来 (见题图5), 保存PNG格式。

4. 操作题

打开素材 "店招背景" (见题图6)、"花1" (见题图7)、"花2" (见题图8), 应用图层蒙版制作店招, 效果图如题图9所示。

题图4

题图5

题图6

题图7　　　　　　　　　　　題图8

题图9

项目 8
制作网店海报
——滤镜应用

□ **项目综述**

　　网店海报是商家向买家展示自家店铺商品和形象的一种海报。一张视觉冲击力强、信息内容传达清晰的店铺海报，能够第一眼就抓住买家的眼球，从而提高店铺浏览量和店铺销量。网店海报设计要求文字主体突出，颜色视觉效果统一，具有明确的可阅读性，整体设计具有吸引力并且具有一定的营销导向。本项目的主要任务是学习使用滤镜工具，制作出吸引人眼球的网店海报。

□ **项目目标**

知识目标

◇认识滤镜的类别。

◇知道滤镜的使用效果。

能力目标

◇学会像素化和锐化滤镜的应用技巧。

◇学会扭曲滤镜的应用技巧。

◇学会风格化滤镜的应用技巧。

◇学会模糊和渲染滤镜的应用技巧。

◇学会通过调节参数得到不同的滤镜效果。

◇学会使用滤镜效果制作网店海报。

素质目标

◇培养耐心细致的工作态度。

◇培养良好的审美观和艺术欣赏能力。

◇培养学生创新创业的开拓精神，树立为国家经济发展做贡献的
　社会责任价值观。

◇树立电子商务专业就业和创业自信心。

◻ **项目思维导图**

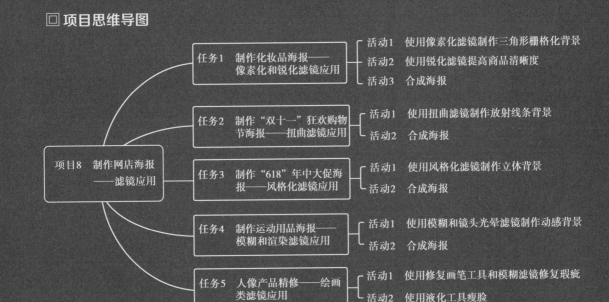

任务1 制作化妆品海报——像素化和锐化滤镜应用
　活动1 使用像素化滤镜制作三角形栅格化背景
　活动2 使用锐化滤镜提高商品清晰度
　活动3 合成海报

任务2 制作"双十一"狂欢购物节海报——扭曲滤镜应用
　活动1 使用扭曲滤镜制作放射线条背景
　活动2 合成海报

项目8 制作网店海报——滤镜应用

任务3 制作"618"年中大促海报——风格化滤镜应用
　活动1 使用风格化滤镜制作立体背景
　活动2 合成海报

任务4 制作运动用品海报——模糊和渲染滤镜应用
　活动1 使用模糊和镜头光晕滤镜制作动感背景
　活动2 合成海报

任务5 人像产品精修——绘画类滤镜应用
　活动1 使用修复画笔工具和模糊滤镜修复瑕疵
　活动2 使用液化工具瘦脸

任务1
制作化妆品海报——像素化和锐化滤镜应用

情境设计

淘宝海报设计要求海报的效果必须有相当的号召力与艺术感染力，要调动商品形象、色彩、构图、形式感等因素形成强烈的视觉冲击力。商品标题突出，设计背景具有层次感，具有一定的营销导向，能够激起消费者的购物欲望。

酸橙视觉创意有限公司为化妆品店制作化妆品商品海报，摄影师小佳把化妆品摆在地毯上拍摄好，美工小美需要把照片制作成358像素×540像素，分辨率为300像素/英寸的海报（见图8.1.1）。

图8.1.1

活动1 使用像素化滤镜制作三角形栅格化背景

活动背景

美工小美接到摄影师小佳提供的化妆品照片,化妆品女性使用居多,商品背景颜色更适合暖色系。她使用粉色梦幻素材图片,使用Photoshop中的滤镜工具,把图片变成绚丽的三角形栅格化背景(见图8.1.2)。

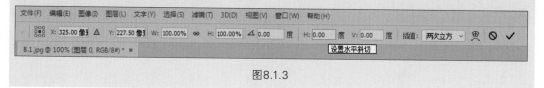

图8.1.2

活动实施

□ 知识窗

马赛克滤镜,是在马赛克中单元格大小的数值,可绘制不同大小的方块。

自由变换(快捷键Ctrl+T)变形工具模式:H值为设置水平斜切参数(见图8.1.3)。

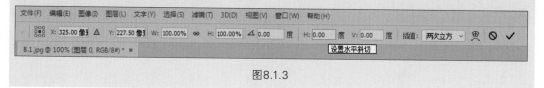

图8.1.3

步骤1:打开素材"梦幻泡泡.jpg"(见图8.1.4)。

步骤2:选择菜单"滤镜"→"像素化"→"马赛克",单击"确定"按钮(见图8.1.5)。

步骤3:在弹出的对话框里输入"44",单击"确定"按钮(见图8.1.6)。

图8.1.4

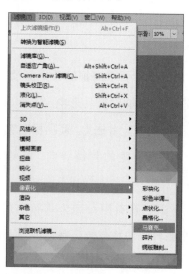

图8.1.5

步骤4：双击"背景层"解锁，重新命名为"图层0"，复制图层得到图层0拷贝（见图8.1.7）。

步骤5：单击"图层0"，选择菜单"编辑"→"自由变换"，调出变形工具面板，把H值设为"45"（见图8.1.8），单击"确定"按钮；然后单击图层0拷贝，按快捷键"Ctrl+T"，把 H 值设为"135"（见图8.1.9），单击"确定"按钮后，得到如图8.1.10所示的图形。

图8.1.6

图8.1.7

图8.1.10

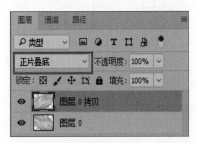

图8.1.11

步骤6：单击"图层0拷贝"，图层模式"叠加"改为"正片叠底"，可以尝试其他叠加模式，会有不同的效果（见图8.1.11）。

步骤7：单击"图层0拷贝"，使用移动工具 ►╋ 左右移动图层，让两个叠加的图层重叠出现三角形（见图8.1.12）。

步骤8：使用裁剪工具 ，选择裁剪的区域（见图8.1.13），确定裁剪区域后按回车键或按顶部面板的 ✔，完成图像大小的调整（见图8.1.14）。

图8.1.12

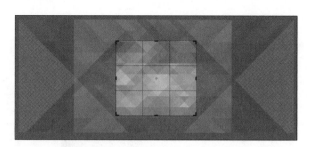

图8.1.13

图8.1.14

步骤9：保存文件。选择菜单"文件"→"存储为"，保存文件名"背景"，格式为"JPEG"。

活动2　使用锐化滤镜提高商品清晰度

活动背景

美工小美完成了背景图片的设计后，需要加入商品合成海报。她查看了摄影师小佳拍摄的化妆品图片，发现盒子上的字体模糊不清，需要使用锐化滤镜处理图片。

活动实施

🗔 知识窗

USM锐化滤镜

在USM锐化中输入不同的数值可得到不同的锐化结果。输入"5"，文字锐化效果一般（见图8.1.15）；输入"97"，文字锐化效果更为明显（见图8.1.16）。要想得到更为清晰的文字效果，可以多次重复执行"USM锐化"（锐化参数不变）。

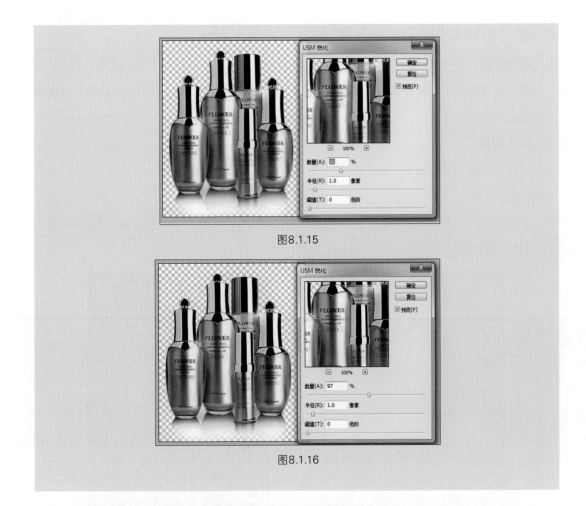

图8.1.15

图8.1.16

步骤1：打开素材"商品.png"，选择菜单"滤镜"→"锐化"→"USM锐化"，使用默认值，单击"确定"按钮。为加强效果，可重复执行两次（见图8.1.17和图8.1.18）。

图8.1.17

图8.1.18

步骤2：保存文件。选择菜单"文件"→"存储为"，保存文件名"商品锐化"，格式为"JPEG"。

活动3　合成海报

活动背景

美工小美完成了三角形栅格化背景图片的制作,对产品文字进行了锐化处理,接下来需要完成合成海报的工作。

活动实施

步骤1:选择菜单"文件"→"新建",图像大小尺寸为"358像素×540像素",分辨率为"300像素/英寸"。

步骤2:置入图片"背景.jpg"(见图8.1.19),把背景图片"复制"→"旋转180°",移动至图示位置(见图8.1.20)。

图8.1.19

图8.1.20

步骤3: 选择菜单"文件"→"置入对象",选择"商品锐化.jpg"和"焕颜雪肌.png",单击"确定"按钮,调整图像大小和位置(见图8.1.21)。

步骤4:添加文本"HUGO",字体为宋体,字号为14,颜色为#ff0000;添加文本"××",字体为宋体,字号为10,颜色为#7e3014;添加文本"全新奢宠白金专业护肤系列",字体为宋体,字号为4,颜色为黑色;添加文本"保湿持久""平衡肌肤""三大功效""水润美白",字体为宋体,字号为3,颜色为白色(见图8.1.22)。

步骤5:添加泡泡笔刷。复制"泡泡笔刷.abr"粘贴到C:\Program Files\Adobe\Adobe Photoshop CC 2018\Presets\Brushes目录下,在Photoshop中点击画笔,使用泡泡笔刷,添加泡泡效果(见图8.1.23和图8.1.24),完成海报(见图8.1.25)。

操作演示

<table>
<tr><td>图8.1.21</td><td>图8.1.22</td></tr>
</table>

图8.1.23

图8.1.24

图8.1.25

步骤6：保存文件。选择菜单"文件"→"存储为"，保存文件名"护肤品海报"，格式为
"PSD"或"JPEG"。

任务2
制作"双11"狂欢购物节海报——扭曲滤镜应用

情境设计

"双11"已成为中国电子商务行业的年度盛事，并且逐渐影响到国际电子商务行业。
"双11"购物狂欢节的促销宣传海报要求通过色彩搭配和排版设计达到较强的视觉冲击
力，商品促销内容精练，抓住主要需求点以增加点击率。
酸橙视觉创意有限公司为手机网店制作"双11"购物狂欢节的海报，客户要求海报效果
炫目，有优惠券、红包、秒杀等促销元素，由美工小美负责制作。

活动1　使用扭曲滤镜制作放射线条背景

活动背景

美工小美需要制作尺寸为990像素×400像素，分辨率为72像素/英寸的海报，根据客户提出
的要求，小美决定使用射线条背景，使用扭曲滤镜来完成这一特效，最终效果如图8.2.1所示。

图8.2.1

活动实施

📖 知识窗

极坐标滤镜属于扭曲滤镜，有两种模式：平面坐标到极坐标（见图8.2.2）、极坐标到平面坐标（见图8.2.3）。

图8.2.2

图8.2.3

步骤1：选择菜单"文件"→"新建"，尺寸为"990像素×400像素"，分辨率为"72像素/英寸"。选择菜单"文件"→"置入嵌入对象"，选择素材"金色背景.jpg"（见图8.2.4）。

图8.2.4

步骤2：新建图层，使用矩形选区画出多条白色的矩形条（见图8.2.5）。

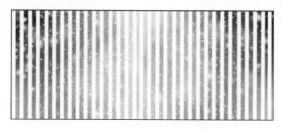

图8.2.5

步骤3：选择菜单"滤镜工具"→"扭曲"→"极坐标"，选择"从平面坐标到极坐标"，单击"确定"按钮（见图8.2.6）。

图8.2.6

步骤4：把图层1的不透明度设为"21%"（见图8.2.7），完成放射线条背景（见图8.2.8）。

图8.2.7　　　　　　　　　　　　　图8.2.8

活动2　合成海报

活动背景

美工小美完成背景图的设计后，需要加上相应的宣传文字，突出促销信息，合成整张海报。

活动实施

步骤1：置入图片"双11抢先购.jpg""限时秒杀.jpg""新品上市.jpg"和"优惠券.jpg"，调整其位置、大小（见图8.2.9）。

图8.2.9

步骤2：置入"红包.jpg"和"金元宝.jpg"，添加动感模糊滤镜效果和高斯模糊滤镜效果（见图8.2.10）。

图8.2.10

步骤3：保存文件。选择菜单 "文件"→"存储为"，保存文件名"双11抢先购海报"，格式为"JPEG"。

任务3
制作"618"年中大促海报——风格化滤镜应用

情境设计

"618"是电子商务企业创立的消费购物节，与"双11"形成全民网购的狂欢节，"618"年中大促的海报也显得尤其炫彩夺目。

酸橙视觉创意有限公司为手机网店制作"618"年中大促海报，该公司要求海报以红色为主，突出促销主题，海报大小为480像素×960像素，分辨率为72像素/英寸。美工小美需要按照要求制作能够突出促销主题的红色背景图（见图8.3.1）。

图8.3.1

活动1　使用风格化滤镜制作立体背景

活动背景

美工小美需要设置海报大小为480像素×960像素，分辨率为72像素/英寸，根据要求她决定应用风格化滤镜制作立体背景来突显促销主题（见图8.3.2）。

图8.3.2

活动实施

🗔 知识窗

凸出滤镜属于风格化滤镜，凸出中有两种模式：块（见图8.3.3）和金字塔（见图8.3.4）。

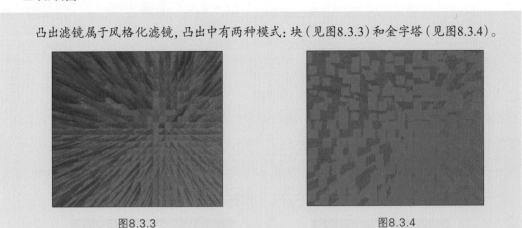

图8.3.3　　　　　　　　　　　　　　图8.3.4

步骤1：选择菜单"文件"→"新建"，尺寸大小为"480像素×960像素"，分辨率为"72像素/英寸"。

步骤2：在工具栏中选择渐变工具 ▣，填充暗红（R147，G10，B22）和红（R255，G5，B22）渐变色（见图8.3.5）。

步骤3：选择菜单"滤镜"→"风格化"→"凸出"，大小为"15像素"，"深度为100"，选中"随机"，勾选"立方体正面"（见图8.3.6），完成立体背景制作（见图8.3.7）。

图8.3.5　　　　　　　　　　　图8.3.6　　　　　　　　　　图8.3.7

活动2　合成海报

活动背景

完成红色立体背景图后,美工小美需要添加促销广告语,完成整张"京东618"全球年中购物节的海报制作。

活动实施

步骤1:置入"购爽快.png"和"一降到底.png"(见图8.3.8)。

步骤2:添加文本"全场不止五折""进店更多优惠",字体为方正粗黑宋简体,字号为30,颜色为红色、白色;添加文本"满600减50元""满1000减200元",字体为仿宋,字号为30,颜色为黄色。其他文本,字体为仿宋,字号为16,颜色为淡黄。为文字添加边框和底纹效果,使用自定形状工具画出两个三角形,完成最终效果(见图8.3.9)。

图8.3.8

图8.3.9

步骤3:保存文件。选择菜单"文件"→"存储为",保存文件名"618海报",格式为"PSD"和"JPEG"。

任务4
制作运动用品海报——模糊和渲染滤镜应用

情境设计

运动用品海报讲求动感，充分的视觉冲击力可以通过图像和色彩来实现，也可以运用滤镜中的模糊和渲染达到想要的效果。海报表达的内容精练，抓住主要诉求点，内容不可过多，简洁明了，篇幅要短小精悍。海报以图片为主，文案为辅，主题字体醒目。

酸橙视觉创意有限公司为体育用品店制作足球促销海报，该公司计划趁着8月份英超联赛来临之际，提前预热"激情足球风"活动，以刺激足球的销售量。要求海报大小为1 100像素×550像素，分辨率为72像素/英寸，具有视觉冲击力（见图8.4.1）。

图8.4.1

活动1　使用模糊和镜头光晕滤镜制作动感背景

活动背景

美工小美接到任务后，根据客户的要求，她决定对足球使用模糊滤镜，产生动感，并为足球添加火焰来制作海报效果（见图8.4.2）。

图8.4.2

活动实施

🖳 知识窗

(1) 模糊滤镜有多种模糊效果，可应用于不同的场景。常用的有动感模糊（见图8.4.3）、高斯模糊（见图8.4.4）、路径模糊（见图8.4.5）、场景模糊（见图8.4.6）等。

图8.4.3　　　　　　　图8.4.4　　　　　　　图8.4.5　　　　　　　图8.4.6

(2) 镜头光晕滤镜属于渲染滤镜，可根据亮度和镜头类型调节镜头光晕的效果（见图8.4.7、图8.4.8）。

图8.4.7　　　　　　　　　　　　　　　　　图8.4.8

步骤1：打开素材"足球场.jpg"，置入"铲球.png"和"足球.png"，调整图像大小和位置。

步骤2：右击"足球"图层，选择"栅格化"图层，使用钢笔工具在足球上随意画一些路径，选择菜单"滤镜"→"渲染"→"火焰"，参数为默认值（见图8.4.9）。

步骤3：复制"足球"图层，得到"足球拷贝图层"，选中"足球"图层，选择菜单"滤镜"→"模糊"→"动感模糊"，参数为默认值（见图8.4.10）。

步骤4：选中"背景"图层，选择菜单"滤镜"→"渲染"→"镜头光晕"，参数为默认值，适当调整光晕的位置（见图8.4.11）。

图8.4.9

图8.4.10

图8.4.11

活动2　合成海报

活动背景

美工小美认为突显"激情足球风"这个主题，可以采用火焰滤镜的效果，再添加广告促销语，完善整张海报。

活动实施

步骤1：置入素材"激情足球风.jpg"，调整好位置和大小。

步骤2：新建一个图层，置于组"激情足球风"下面，使用钢笔工具画出如下路径，选择菜单"滤镜工具"→"渲染"→"火焰"，参数为默认值（见图8.4.12）。

图8.4.12

步骤3：添加文本"顺丰包邮正品STAR1000世达5号足球"，字体为华文隶书，字号为24，颜色为白色；添加文本"买一送四"，字体为仿宋，字号为24，颜色为白色；添加文本"活动时间：7.15—7.31"，字体为幼圆，字号为24，颜色为白色（见图8.4.13）。

步骤4：添加文本"买"，字体为方正粗黑宋简体，字号为24，颜色为红色；添加文本"送"，字体为方正粗黑宋简体，字号为48，颜色为墨绿色；为对应的文本添加底纹效果（见图8.4.14）。

图8.4.13

图8.4.14

步骤5: 置入素材 "赠品.png", 调整好图片的位置, 完成最终效果（见图8.4.15）。

步骤6: 保存文件。选择菜单 "文件" → "存储为", 保存文件名 "足球促销海报", 格式为 "PSD" 和 "JPEG"。

图8.4.15

任务5
人像产品精修——绘画类滤镜应用

情境设计

人像磨皮是Photoshop在商业领域运用的一个经典技能, 无论是广告修片还是各种书刊、印刷品设计、电商设计、影楼摄影等, 都要对人像进行精修及磨皮处理。照片的应用场景决定了人像的风格, 不同类目产品的海报设计对人像精修的要求不同。

酸橙视觉创意有限公司为化妆品店更新化妆品海报, 要求模特的脸部肌肤水润清透, 白嫩无瑕, 能够激发起客户的购买欲。海报大小为358像素×540像素, 分辨率为300像素/英寸。摄影师小佳为模特拍摄照片, 美工小美需要对人像进行精修处理（见图8.5.1）。

图8.5.1

活动1 使用修复画笔工具和模糊滤镜修复瑕疵

活动背景

美工小美查看摄影师小佳提供的模特照片,发现模特脸上瑕疵较多,直接用于化妆品海报效果不佳。她打算使用修复画笔工具让模特脸上瑕疵消失。

活动实施

🗂 知识窗

"应用图像"可以将图像的图层或通道(源)与现用图像(目标)的图层或通道混合,从而形成一种很特别的艺术效果。

源:"背景"图层,目标:"图片1"白色图层(见图8.5.2)。选择菜单"图像"→"应用图像","图层"选为"图层1"(见图8.5.3),模特美白(见图8.5.4)。

图8.5.2

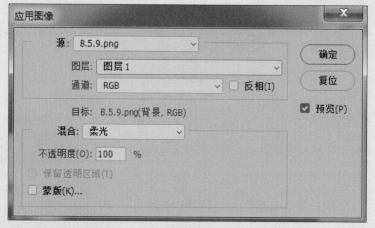

图8.5.3

图8.5.4

步骤1：打开素材"人像.jpg"，右击图层，选择"栅格化图层"。

步骤2：点击工具栏上的"放大镜"，把图片放大"300%"，选择工具箱中修复画笔工具，画笔大小设为"16"，按Alt键在干净的皮肤上取印章，再单击有瑕疵的皮肤进行修复（图8.5.5）。

步骤3：复制"人像"图层，得到人像拷贝图层，选中"人像"图层，选择菜单"滤镜"→"模糊"→"高斯模糊"，参数设为"3"。选中人像拷贝图层，选择菜单"图像"→"应用图像"，在应用图像窗口图层一栏选中"人像"图层，混合模式选择"减去"，缩放为"2"，补偿值为"128"（见图8.5.6）。把"人像拷贝"图层的类型设为"线性光"。

步骤4：选中"人像拷贝"图层，使用工具箱的套索工具，羽化值为"10"像素（见图8.5.7），圈选额头需要柔肤的部分，选择菜单"滤镜"→"模糊"→"高斯模糊"，参数为"5.4"（见图8.5.8）。用同样的方法对人像脸部其他部分也进行柔肤。

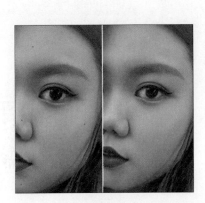

图8.5.5

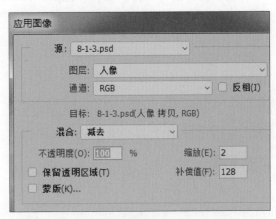

图8.5.6

图8.5.7

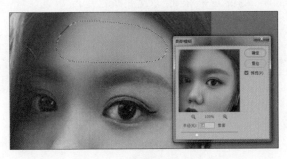

图8.5.8

步骤5：右击"人像拷贝"图层，选择"向下合并"。对新的"人像"图层选择菜单"图像"→"调整"→"曲线"（见图8.5.9），增加人像面部明亮度（见图8.5.10）。

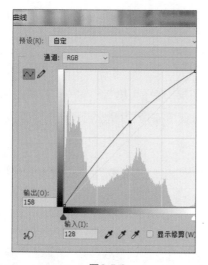

图8.5.9   图8.5.10

步骤6：保存文件。选择菜单"文件"→"存储为"，保存文件名为"修复人像"，格式为"JPEG"。

活动2　使用液化工具瘦脸

活动背景

美工小美查看模特相片，发现模特脸型偏圆，用于海报效果不佳。她打算使用液化工具瘦脸，增加视觉美感。

操作演示

活动实施

📋 知识窗

> 液化工具：选择菜单"滤镜"→"液化"，设置画笔大小、画笔密度、画笔压力可做出不同的液化效果（见图8.5.11）。

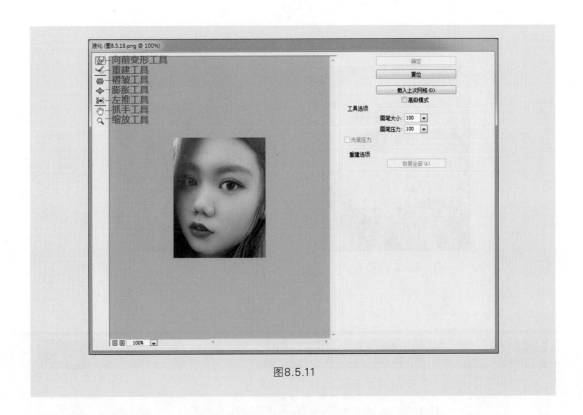

图8.5.11

步骤1：打开素材"护肤品海报.psd"。置入文件"修复人像.jpg"，调整适合的位置。

步骤2：选中"修复人像"图层，选择菜单"滤镜"→"液化"，使用"向前变形工具"，画笔大小设为"180"，把模特的脸向内推，注意向前推的力度，不要过分变形。局部修脸时，画笔密度设为"50"（见图8.5.12），要慢慢调整下巴变尖（见图8.5.13）。

图8.5.12

步骤3：调整模特、化妆品、文字等图层顺序、大小和位置，完成海报制作（见图8.5.14）。

步骤4：保存文件。选择菜单 "文件"→"存储为"，保存文件名为"模特海报"，格式为"PSD"和"JPEG"。

图8.5.13

图8.5.14

项目评价

评价标准	评价指标	得 分
版面设计	大方整洁, 突出主题, 有特色。(30分)	
创 意	具有创新性、思想性、吸引力, 色彩搭配是否协调, 能给人视觉冲击。(30分)	
内 容	文字内容能凸显主题所包含的活动, 活动标题、简介内容合理、有新意。(40分)	
总 分		
评价等级	优秀: 90~100分; 良好: 75~89分; 一般: 60~74分; 差: 0~59分。	

项目测试

1.操作题

利用"沙滩.jpg"(见题图1),"价钱.jpg""背包.jpg"3张图片, 用滤镜处理, 添加文字, 制作成海报(见题图2)。图片存储格式为"JPEG"。提示:"沙滩.jpg"使用彩块化滤镜,"价钱.jpg"使用USM锐化滤镜。

题图1　　　　　　　　　　　　　　题图2

2.操作题

　　打开素材"模特.jpg"（见题图3），用滤镜处理置换素材"斜纹.psd"，并添加渐变映射图层和文字效果（见题图4）。尺寸为"635像素×851像素"，分辨率为"72像素/英寸"，图片存储格式为"PNG/JPEG"。

题图3　　　　　　　　　　　　　　题图4

3.操作题

　　打开素材"道路.jpg"（见题图5），置入"汽车.jpg"，用滤镜处理，并添加"文字.png"（见题图6）。图片存储格式为"JPEG"。

4.操作题

　　打开素材"马路.jpg"（见题图7），添加"平衡车.jpg"，用滤镜处理，并添加文字效果（见题图8）。图片存储格式为"JPEG"。

题图5

题图6

题图7

题图8